上海市工程建设规范

# 地面沉降监测与防治技术标准

Technical standard for land subsidence monitoring and control

DG/TJ 08—2051—2021
J 11371—2021

主编单位：上海市地质调查研究院
批准部门：上海市住房和城乡建设管理委员会
施行日期：2021 年 11 月 1 日

同济大学出版社

2021　上海

图书在版编目(CIP)数据

地面沉降监测与防治技术标准/上海市地质调查研究院主编. 一上海：同济大学出版社，2021.12
ISBN 978-7-5608-9968-8

Ⅰ.①地… Ⅱ.①上… Ⅲ.①地面沉降-监测-技术标准-上海②地面沉降-防治-技术标准-上海 Ⅳ.①TU478-65

中国版本图书馆 CIP 数据核字(2021)第 221768 号

## 地面沉降监测与防治技术标准

上海市地质调查研究院　主编

策划编辑　张平官
责任编辑　朱　勇
责任校对　徐春莲
封面设计　陈益平

出版发行　同济大学出版社　　www.tongjipress.com.cn
　　　　　(地址：上海市四平路 1239 号　邮编：200092　电话：021-65985622)
经　　销　全国各地新华书店
印　　刷　当纳利(上海)信息技术有限公司
开　　本　889mm×1194mm　1/32
印　　张　3.75
字　　数　101 000
版　　次　2021 年 12 月第 1 版　　2021 年 12 月第 1 次印刷
书　　号　ISBN 978-7-5608-9968-8
定　　价　50.00 元

# 上海市住房和城乡建设管理委员会文件

沪建标定〔2021〕338号

上海市住房和城乡建设管理委员会
关于批准《地面沉降监测与防治技术标准》
为上海市工程建设规范的通知

各有关单位：

由上海市地质调查研究院主编的《地面沉降监测与防治技术标准》，经我委审核，现批准为上海市工程建设规范，统一编号为DG/TJ 08—2051—2021，自2021年11月1日起实施。原《地面沉降监测与防治技术规程》DG/TJ 08—2051—2008同时废止。

本规范由上海市住房和城乡建设管理委员会负责管理，上海市地质调查研究院负责解释。

特此通知。

上海市住房和城乡建设管理委员会
二〇二一年五月三十一日

# 前　言

　　根据上海市住房和城乡建设管理委员会《关于印发〈2016年上海市工程建设规范编制计划〉的通知》(沪建管〔2015〕871号)的要求,上海市地质调查研究院会同有关单位对《地面沉降监测与防治技术规程》DG/TJ 08—2051—2008进行了修订。在修订过程中,编制组开展了相关专题研究,认真总结了近十年来上海地区地面沉降监测与防治研究成果和实践经验,以多种方式广泛征询了本市有关单位和专家的意见,经反复修改后,形成了本标准。

　　本标准主要内容有:总则;术语;区域地面沉降监测;工程性地面沉降监测;地面沉降防治;成果文件编制;附录A～H。

　　本次修订的主要内容有:

　　1. 补充了"工程性地面沉降""地面沉降控制区""重大市政工程"等术语。

　　2. "区域地面沉降监测"章中增加InSAR测量技术内容,并分类细化水准、GNSS、分层标等监测技术要求。

　　3. "工程性地面沉降监测"章中增加了隧道工程施工地面沉降监测和重大市政工程沿线地面沉降监测等内容,调整优化了深基坑工程地面沉降监测等内容。

　　4. "地面沉降防治"章中增加了隧道工程地面沉降防治内容,优化完善了深基坑工程地面沉降防治内容,增加了基坑围护结构与工程降水一体化设计等内容。

　　5. "成果文件编制"章中删除了"资料汇交要求",增加了"数据库建设"等内容。

　　6. 补充和完善附录,主要增加深基坑减压降水地面沉降控制预警指标等内容。

各单位及相关人员在执行本标准过程中，如有意见和建议，请反馈至上海市规划和自然资源局（地址：上海市北京西路99号；邮编：200003；E-mail：guihuaziyuanfagui@126.com），上海市地质调查研究院（地址：上海市灵石路930号；邮编：200072；E-mail：shddy@sigs.com.cn），或上海市建筑建材业市场管理总站（地址：上海市小木桥路683号；邮编：200032；E-mail：shgcbz@163.com），以供今后修订时参考。

**主 编 单 位**：上海市地质调查研究院

**参 编 单 位**：同济大学

　　　　　　　华东建筑设计研究院有限公司

　　　　　　　上海市地矿工程勘察（集团）有限公司

**主 要 起 草 人**：严学新　杨天亮　黄鑫磊　王寒梅　吴建中

　　　　　　　熊福文　唐益群　朱建锋　王建秀　杨建刚

　　　　　　　王　军　张金华　梁志荣　方　正　占光辉

　　　　　　　李　伟　何　晔　陈明忠　高世轩　刘笑天

　　　　　　　周　洁　俞俊英　何中发　史玉金　刘金宝

　　　　　　　洪昌地　黄小秋　许　言　张　欢　朱晓强

　　　　　　　林金鑫　李金柱　杨柏宁　王　永　战　庆

　　　　　　　代如凤　石凯文　胡海涛

**主要审查人员**：张阿根　许丽萍　李家平　潘伟强　赵　峰

　　　　　　　陈锦剑　崔永高

上海市建筑建材业市场管理总站

# 目 次

# Contents

# 1 总　则

**1.0.1** 为贯彻执行国家和上海地区的地质灾害防治政策,加强城市防灾减灾和地质环境保护,规范地面沉降监测和防治技术措施,特制定本标准。

**1.0.2** 本标准适用于上海地区地面沉降的监测与防治。

**1.0.3** 地面沉降防治应遵循预防为主、防治结合的原则,综合分析地面沉降诱发因素,开展地面沉降动态监测,实施地面沉降综合防控,并形成成果文件。

**1.0.4** 地面沉降监测与防治除应符合本标准的规定外,尚应符合国家、行业和上海市有关现行标准的规定。

# 2 术 语

**2.0.1 地面沉降 land subsidence**

因自然因素或人为活动引发地壳表层松散地层压缩,进而导致地面高程降低的地质现象。

**2.0.2 工程性地面沉降 engineering-caused land subsidence**

因工程施工及重大市政工程运营等工程活动引发的地面沉降。

**2.0.3 地面沉降监测 land subsidence monitoring**

定期测量地面高程(地层厚度)变化以获取地面沉降发育动态及趋势分析的活动。

**2.0.4 地面沉降监测设施 land subsidence monitoring facilities**

为取得地面沉降数据而建造的设施,包括监测土层形变的各类测量标志(如水准点、基岩标、分层标等)及其配套的仪器设备,监测地下水动态的观测井(孔)等各类水文地质监测设施,以及为保护前述设施而建造的防护栏、房屋等建筑物、构筑物。

**2.0.5 基岩标 bedrock benchmark**

穿过松软岩土层,埋在坚硬岩石(基岩)上的地面水准观测标志。

**2.0.6 分层标 borehole extensometer**

埋设在不同深度松软土层或含水砂层中的地面水准观测标志。

**2.0.7 地下水监测井 groundwater monitoring well**

用于监测地下水(水位、水质、水温等)动态变化的管井设施。

**2.0.8 地面沉降防治 land subsidence prevention and controlling**

采取规划管理、分区管控、技术措施、工程措施等对地面沉降灾害进行综合预防和治理的活动。

**2.0.9** 地下水回灌井 groundwater artificial recharge well

用于地下水人工回灌的(或同时具备开采与回灌功能的)管井设施。

**2.0.10** 地面沉降控制区 land subsidence control area

根据地面沉降发育现状、影响因素及风险评估结果划定的地面沉降防治分区。

**2.0.11** 深基坑工程 deep excavation engineering

基坑开挖深度 7 m 以上的、需要减压降水的建设工程。

**2.0.12** 重大市政工程 major municipal facilities

易受地面沉降影响的轨道交通、高速铁路、磁悬浮、高架道路、越江隧道、跨海跨江桥梁、防汛墙、海塘、高压油气管道等线状市政工程。

# 3 区域地面沉降监测

## 3.1 一般规定

**3.1.1** 区域地面沉降监测应在地面沉降调查工作基础上开展。

**3.1.2** 区域地面沉降监测内容主要包括地面沉降量、土体分层沉降量和各含水层的地下水开采量、回灌量、水位、水质等。

**3.1.3** 区域地面沉降监测应采用水准测量、全球导航卫星系统(GNSS)测量、合成孔径雷达干涉(InSAR)测量等技术方法或多种方法融合,方法选择可参照现行行业标准《地面沉降调查与监测规范》DZ/T 0283 中的有关规定执行。

**3.1.4** 区域地面沉降监测应布设监测网,监测基准点应为基岩标。

**3.1.5** 地面沉降监测宜统一采用吴淞高程系统。

## 3.2 监测设计

**3.2.1** 区域地面沉降监测实施前,应进行监测设计并论证。

**3.2.2** 区域地面沉降监测设计前,宜收集下列资料:

1 区域地质、水文地质、工程地质资料。

2 区域地下水开采与回灌资料。

3 地面沉降监测设施资料。

4 已有地面沉降监测与防治成果资料。

5 地面沉降调查报告。

6 其他相关资料。

**3.2.3** 区域地面沉降监测设计应包括下列内容：

**1** 目标任务。

**2** 设计依据。

**3** 区域地质环境条件。

**4** 监测工作部署(包括监测网设计、监测设施建设、监测内容等)。

**5** 监测方法与技术要求。

**6** 计划进度与预期成果。

**7** 组织保障措施。

## 3.3 区域监测网布设

**3.3.1** 区域监测网布设应根据地面沉降控制区、地质结构及地面沉降发育特征等因素综合确定，主要包括水准监测网、GNSS 监测网、InSAR 监测区、地下水动态监测网等。

**3.3.2** 水准监测网的布设应符合下列规定：

**1** 水准监测网应覆盖整个监测区域,在地面沉降重点控制区应加密布设。

**2** 水准监测网应建立不少于 3 个基准点的地面沉降附合水准控制网。

**3** 水准测量等级应由高至低分 3 个测量等级,逐级控制,适用条件宜按表 3.3.2 的规定执行。

表 3.3.2 区域地面沉降水准测量等级

| 测量等级 | 测量控制网 | 应用条件 | 布设区域 |
|---|---|---|---|
| 特等水准 | 特级高程控制网 | 基岩水准点之间联测 | 稳定基准点空白区域 |
| 一等水准 | 首级高程控制网 | 重要地区且沉降速率较缓 | 地面沉降漏斗外围区 |
| 二等水准 | 次级(加密)水准监测网 | 沉降速率较快地区 | 在一等水准网(环线)内布设 |

**4** 一、二等水准网应选取基岩标、分层标组、深埋式水准点或稳定的水准点作为结点。

**5** 用于局部区域高程控制的水准点,布设间距宜为 0.5 km。

**6** 用于地下水开采区、回灌区和中心城区(特别是工程活动密集区)的水准点,宜在水准网基础上按照等间距或按照远离监测区方向逐渐稀疏的原则布设。

**3.3.3** GNSS 监测网的布设应符合下列规定:

**1** GNSS 监测网应覆盖整个监测区域,在地面沉降重点控制区应加密布设。

**2** GNSS 监测网应选取稳定的基岩标、基岩点、GNSS 固定站作为监测基准点,基准点在平面上应均匀分布,应能控制整个监测区域。

**3** GNSS 监测网应按固定站、一级网和二级网三个层次布设。

**4** 监测区内 GNSS 固定站宜相对均匀分布且不应少于3座,GNSS 一级网相邻点间距宜为 10 km～20 km;GNSS 二级网相邻点间距宜为 5 km～10 km。

**5** GNSS 一、二级网应与 GNSS 固定站联测;联测的 GNSS 一级点数不少于 3 个,二级点数不少于 2 个。

**3.3.4** InSAR 地面沉降监测应符合下列规定:

**1** 监测范围应从区域上兼顾宏观和微观,依据监测对象的形变特征、监测区域地理气候条件、全区和重点区域监测目标选用合适的 SAR 影像,SAR 数据应在时间和空间范围略大于实际调查的监测范围。

**2** 根据地面沉降监测需要,对 InSAR 监测数据在时间和空间上的空白区域,宜采用水准或 GNSS 等监测方法进行补充。

**3** 在植被茂密区域及沿海产业带地区,宜布设角反射器增强干涉效果。

**3.3.5** 地下水动态监测网的布设应符合下列规定:

**1** 应以掌握地下水流场动态变化规律为原则。

**2** 应覆盖监测区内各含水层。

**3** 宜覆盖各地质灾害危险性评估分区单元。

## 3.4  监测设施建设

**3.4.1**  监测设施建设应满足地面沉降监测网布设及监测设计要求。

**3.4.2**  建设场地应避让各类地下管线等埋设物及在建工程,并具备长期保护和临时施工条件,如通水、通电、通路和场地平整等。

**3.4.3**  水准点应选在地基稳定、利于长期保存和高程联测处埋设;水准点埋设深度应至原状土层,且不宜小于 0.5 m,监测标头宜低于地面 5 cm,且采用套管和井盖保护。水准标石埋设后,一般地区应经过一个雨季方可进行水准测量;水准点埋设可按本标准附录 A.1 执行。

**3.4.4**  基岩标、分层标建设宜按本标准附录 A.2 和 A.3 执行。

**3.4.5**  GNSS 观测墩建设宜按本标准附录 A.4 执行。

**3.4.6**  角反射器建设宜按现行行业标准《地面沉降调查与监测规范》DZ/T 0283 附录 F 执行。

**3.4.7**  地下水监测井建设应符合本标准附录 B.1 的相关技术要求。

**3.4.8**  监测设施建设完成后应安装保护装置和标志牌,并进行定期巡查维护。

**3.4.9**  具备长期保护条件的监测点宜采用智能化设备进行地面沉降实时监测。

## 3.5  监测技术要求

**3.5.1**  地面沉降水准测量精度应符合现行国家标准《国家一、二等水准测量规范》GB/T 12897 和现行行业标准《地面沉降测量规范》DZ/T 0154 的有关规定。

3.5.2　GNSS 测量精度应符合现行国家标准《全球定位系统(GPS)测量规范》GB/T 18314 的有关规定。

3.5.3　InSAR 监测雷达垂向形变精度应优于 1 cm,PS-InSAR 监测垂向形变精度应优于 5 mm,CR-InSAR 监测垂向形变精度应优于 3 mm。

3.5.4　土体分层沉降监测应符合下列规定:

　　1　可采用精密水准测量人工监测或静力水准仪等自动化采集设备监测。

　　2　土体分层沉降监测精度应优于 1 mm。

3.5.5　地下水水位监测应符合下列规定:

　　1　可采用水位计人工监测或自动化设备监测。

　　2　地下水水位监测精度应优于 0.01 m。

3.5.6　地下水开采量和回灌量监测应符合下列规定:

　　1　应安装符合国家计量标准的水表。

　　2　地下水开采量和回灌量监测精度应优于 $0.1\ m^3$。

3.5.7　地下水水质监测涉及的水样采集、保存及送检应符合现行国家标准《水质采样样品的保存和管理技术规定》GB/T 12999 和现行行业标准《水文测井工作规范》DZ/T 0181 的相关规定,水样测试应符合现行行业标准《地质矿产实验室测试质量管理规范》DZ/T 0130 的相关规定。

3.5.8　自动化设备投入使用前须进行人工校准,使用过程中应定期进行人工测量复核。


## 3.6　监测频率

3.6.1　监测频率宜按表 3.6.1 执行。

表 3.6.1 地面沉降监测频率

| 监测项目 | | 监测频率 |
|---|---|---|
| 精密水准测量 | 中心城区 | 1次/年 |
| | 全市 | 1次/5年 |
| GNSS 测量 | 一级网 | 2次/5年 |
| | 二级网 | 1次/5年 |
| InSAR 监测 | | 按需,不低于1次/2年 |
| 土体分层沉降监测 | 人工 | 1次/月 |
| | 智能化 | 1次/天 |
| 地下水开采量、回灌量监测 | | 1次/月 |
| 地下水水位监测 | 人工 | 1次/月 |
| | 智能化 | 1次/天 |
| 地下水水质监测 | | 1次/年~2次/年 |

3.6.2 监测频率可根据地面沉降控制区要求和地面沉降速率等具体情况适当调整。

# 4 工程性地面沉降监测

## 4.1 一般规定

**4.1.1** 本章适用于工程施工和重大市政工程沿线的地面沉降监测。

**4.1.2** 工程性地面沉降监测前应进行资料搜集和现场踏勘(周边环境条件),并根据任务要求编制工程性地面沉降监测方案。

**4.1.3** 监测方案应包括监测项目、监测范围、监测网(点)布设、监测频率、监测方法与技术要求、监测预警等内容。

**4.1.4** 监测设施布设场地应具备良好的通视和保护条件,保证监测设施的正常使用及监测数据的连续性、可靠性。

**4.1.5** 监测内容宜按表 4.1.5 执行。

表 4.1.5 监测内容

| 建设工程类型<br>监测项目 | 施工期间 | | 运营期间 |
|---|---|---|---|
| | 深基坑工程 | 隧道工程施工 | 重大市政工程沿线 |
| 地面沉降 | √ | √ | √ |
| 土体分层沉降 | ○ | ○ | ○ |
| 地下水水位 | √ | ○ | ○ |
| 地下水抽水量 | √ | ○ | — |
| 地下水回灌量 | √ | ○ | — |
| 孔隙水压力 | ○ | — | — |
| 土体深层水平位移(测斜) | √ | √ | ○ |

注:√—应测项目;○—选测项目。

## 4.2 深基坑工程地面沉降监测

**4.2.1** 深基坑工程地面沉降监测范围应依据地质环境条件、基坑工程性质、工程降水模式等因素综合确定,监测范围可按表 4.2.1 执行。

表 4.2.1 深基坑工程地面沉降分区监测范围

| 工程降水模式 | | 监测范围 | 监测范围分区 | |
|---|---|---|---|---|
| | | | 地面沉降重点监控区 | 地面沉降一般监控区 |
| 止水帷幕阻断降水目的含水层(落底式帷幕) | | 3 H | 0~3 H | — |
| 止水帷幕未阻断降水目的含水层(悬挂式帷幕) | 坑内降水 | 6 H~10 H | 0~3 H | 3 H 以外 |
| | 坑外降水 | ≥10 H | | |

注:H 为基坑开挖深度。

**4.2.2** 深基坑工程地面沉降监测网由地面沉降监测控制点、地面沉降监测点、地下水监测井、土体分层沉降监测标等设施组成,布设应符合下列规定:

**1** 地面沉降监测控制点宜由 1 个基岩标和不少于 3 个工作基点组成,工作基点应在工程施工影响范围外。

**2** 地面沉降监测点应垂直于基坑侧边、向外由密至疏以剖面形式布设,基坑每侧边地面沉降监测剖面不少于 1 条;对于圆形或大型基坑(群),监测剖面线间距宜为 50 m~100 m,当受场地限制时,不应少于 2 条;对于狭长型或不规则型基坑,监测剖面应布设在垂直于长、短边两个方向上。

**3** 地面沉降监测点间距在重点监控区宜为 5 m~10 m,在一般监控区宜为 10 m~20 m。

**4** 止水帷幕未阻断降水目的含水层的基坑,宜在基坑外 3H

附近布置地下水监测井或孔隙水压监测孔,数量不少于 1 口,且应根据降水目的含水层分别设置。施工技术要求可按本标准附录 B 执行。

　　**5** 地质灾害危险性评估确定地面沉降危险性级别为中等及以上的基坑工程,宜在基坑外 $3H$ 附近布设分层标组,分层标组监测土层应覆盖主要工程地质层,最大深度应不小于降水目的含水层下伏隔水层底面或层顶以下 10 m,分层标组施工技术要求按本标准附录 A.3 执行。

　　**6** 地面沉降监测设施布设完成后应进行初始值测量。

**4.2.3** 深基坑工程地面沉降监测期间,应定期进行工作基点与基岩标之间联测,联测频率宜为 1 次/半年～2 次/半年,必要时可根据实际情况增加监测频率。

**4.2.4** 深基坑工程地面沉降监测频率可按表 4.2.4 执行,根据施工工况和地面沉降量进行动态调整,当累计地面沉降量超过预警值时,应加密监测。监测记录表式可采用本标准附录 C。

表 4.2.4　深基坑工程地面沉降监测频率一览表

| 施工工况 | 监测频率 |
|---|---|
| 基坑开挖前 | 1 次/周～2 次/周 |
| 基坑开挖且减压降水前 | 2 次/周～3 次/周 |
| 减压降水期间 | 1 次/天～3 次/周 |
| 基坑降水结束且地下结构施工至±0.000 标高前 | 1 次/周～2 次/周 |
| 地下结构施工至±0.000 标高后 | 2 次/月～3 次/月,至数据收敛为止 |

**4.2.5** 深基坑工程地面沉降监测误差精度可按表 4.2.5 执行。

表 4.2.5　深基坑工程地面沉降监测误差精度一览表

| 监测项目 | 误差精度要求 |
|---|---|
| 地面沉降和土体分层沉降 | 0.15 mm |
| 地下水水位 | 0.01 m |

续表4.2.5

| 监测项目 | 误差精度要求 |
|---|---|
| 基坑抽水量和回灌量 | $0.1 \text{ m}^3$ |
| 孔隙水压力 | $0.1 \text{ kPa}$ |
| 土体深层侧向变形(测斜) | $0.25 \text{ mm/m}$ |

**4.2.6** 地面沉降监测预警值应结合上海市地面沉降控制分区要求、地面沉降发育程度、周围环境条件和施工工况等因素综合确定,也可参照本标准附录 D 执行。

### 4.3 隧道工程施工地面沉降监测

**4.3.1** 盾构法和冻结法隧道工程施工地面沉降监测范围可按表 4.3.1 执行。

表 4.3.1 隧道工程施工地面沉降分区监测范围

| 隧道类型 | | 监测范围 | 监测范围分区 | |
|---|---|---|---|---|
| | | | 地面沉降重点监控区 | 地面沉降一般控制区 |
| 盾构法隧道 | 单圆 | $2 D$ | $0 \sim 1 h$ | $h$ 以外 |
| | 双圆 | | $0 \sim 1.5 h$ | $1.5 h$ 以外 |
| 冻结法隧道 | 横向 | $1.5 D$ 且$\geqslant 50 \text{ m}$ | $0 \sim 1.5 D$ | $\geqslant 1.5 D$ |
| | 纵向 | | $0 \sim 50 \text{ m}$ | $\geqslant 50 \text{ m}$ |

注:$h$ 为隧道覆土厚度,$D$ 为隧道底板埋深。

**4.3.2** 隧道工程地面沉降监测网由基准点、工作基点和监测点组成。

**4.3.3** 基准点应就近选取隧道两端的基岩标,数量不宜少于 2 座。

**4.3.4** 工作基点应布设在隧道区间两端,由基准点联测高程,数量不宜少于 2 座。

**4.3.5** 监测点布设应符合下列规定:

**1** 地面沉降监测点应在隧道两侧垂直于轴线方向由密至疏

呈剖面线布设,盾构法施工时剖面间距宜为 1 km~2 km,每个区间段监测剖面不应少于 1 条;冻结法施工时以隧道间的每个隧道冻结位置为剖面起布点,由开挖边界向两侧各延伸不小于 50 m。

**2** 地面沉降重点监控区监测点间距宜以盾构隧道(冻结部位)中心线起依次为 0 m、1.5 m、3 m、5 m 和 10 m 处布设,地面沉降一般控制区监测点间距宜为 5 m~10 m,地质条件变化较大区域监测点间距宜取下限,且应符合现行国家标准《城市轨道交通工程监测技术规范》GB 50911 和现行上海市工程建设规范《旁通道冻结法技术规程》DG/TJ 08—902 的有关规定。监测点埋设可按本标准第 3.4.3 条执行。

**3** 土体分层沉降监测标组应布设在地面沉降影响范围(2D)内,最大布设深度宜至第二承压含水层,监测标宜覆盖主要压缩层且设置于土层顶底板处,分层标组施工技术要求按本标准附录 A.3 执行。

**4** 地面沉降监测点布设应在隧道工程施工开始前完成,且满足稳定要求。

**4.3.6** 隧道工程地面沉降监测频率可按表 4.3.6 执行,施工过程中可根据监测数据变化幅度进行适当调整。

表 4.3.6　隧道工程地面沉降监测频率一览表

| 施工工况 | | 监测频率 |
|---|---|---|
| 盾构法 | 掘进过程中 | 1 次/周,相对稳定后可逐步减少频率 |
| | 掘进结束至试运行前 | 1 次/月~2 次/月,相对稳定后可逐步减少频率 |
| | 试运行至正式运营前 | ≥2 次/年,沉降异常区加密;至数据收敛为止 |
| 冻结法 | 积极冻结和开挖期间 | 1 次/天 |
| | 冻结帷幕解冻期间 | 前期 1 次/2 天,后期 2 次/周 |
| | 冻结帷幕解冻后 | 1 次/周,至数据收敛为止 |

**4.3.7** 隧道工程地面沉降监测精度应符合现行国家标准《国家一、二等水准测量规范》GB/T 12897 和现行行业标准《地面沉降

调查与监测规范》DZ/T 0283 的有关规定。

**4.3.8** 隧道工程地面沉降监测预警可根据区域地面沉降年度控制目标、地质环境条件等要求综合确定。

## 4.4 重大市政工程沿线地面沉降监测

**4.4.1** 重大市政工程沿线地面沉降监测网由基准点、工作基点和监测点组成,布设应符合下列规定:

**1** 基准点应在工程周边或沿线就近选取基岩标,基岩标数量应有效控制工程性地面沉降发育范围,数量不宜少于 3 座。

**2** 工作基点应布设在工程影响范围外的区域,间距以 0.5 km～2 km 为宜;布设可按本标准第 3.4.3 条执行。

**3** 监测点应布设于重大市政工程设施沿线地面 50 m 范围内,平均间距宜为 0.5 km;设计技术要求见本标准附录 A.1。

**4.4.2** 重大市政工程沿线地面沉降监测频率可按表 4.4.2 执行,如遇特殊需求,宜根据变形情况及委托方要求适当调整监测频率。

**表 4.4.2 重大市政工程沿线地面沉降监测频率**

| 监测项目 | | | 监测频率 |
|---|---|---|---|
| 轨道交通 | 长期监测 | | 2次/年 |
| | 重点区段 | | 按结构病害和沉降速率确定,一般 1 次/月～2 次/周,必要时可采用自动化监测技术 |
| | 监护监测 | | 按现行上海市工程建设规范《城市轨道交通结构监护测量规范》DG/TJ 08—2170 执行 |
| | 高架桥梁 | | 1次/年 |
| | 越江隧道 | | 2次/年～4次/年 |
| 堤防设施 | 一线海塘 | | 1次/年 |
| | 黄浦江防汛墙 | 重点区段 | 1次/季 |
| | | 一般区段 | 1次/5年 |

| 监测项目 | 监测频率 |
|---|---|
| 高压油气管道 | 1次/年 |
| 高速铁路 | 1次/年 |
| 磁悬浮 | 1次/年～2次/年 |

**4.4.3** 重大市政工程设施沿线地面沉降监测精度应符合下列规定：

**1** 基准点复测、基准点至工作基点之间的联测应按国家一等水准测量要求施测。

**2** 应在工作基点之间布设闭合或附合水准路线，按国家二等水准测量要求施测。

# 5 地面沉降防治

## 5.1 区域地面沉降防治

**5.1.1** 区域地面沉降防治应编制地面沉降防治专项规划、制定年度地面沉降防治工作计划,确定地面沉降防治规划目标和年度目标,实施地面沉降综合防控。

**5.1.2** 区域地面沉降防治应按照分区管控的要求,划定地面沉降控制区,控制区划分应以地面沉降风险评估为依据,结合城市总体规划和地面沉降发育状况综合确定,并进行动态调整。

**5.1.3** 区域地面沉降防治应按照分区分层的控制原则,采取优化地下水开采层次和布局、合理控制地下水开采量及开展专门地下水回灌等差别化措施。

**5.1.4** 专门地下水回灌技术要求可按本标准附录 E 执行。

## 5.2 深基坑工程地面沉降防治

**5.2.1** 深基坑工程应按现行上海市工程建设规范《地质灾害危险性评估技术规程》DGJ 08—2007 执行。在建设项目地质灾害危险性评估报告或分区单元地质灾害危险性评估报告中,应重点对地面沉降危险性进行评估,提出深基坑外 $3H$ 处地下水水位和地面沉降控制要求及防治措施。

**5.2.2** 深基坑工程地面沉降防治应按照地面沉降控制要求,在设计阶段采用围护结构与工程降水一体化设计方法,在施工过程中采取降水过程控制和地下水回灌等综合措施。

**5.2.3** 深基坑围护结构与工程降水一体化设计方法,除应按照现行行业标准《建筑与市政工程地下水控制技术规范》JGJ 111 和现行上海市地方标准《深基坑工程降水与回灌一体化技术规程》DB 31/T 1027 的有关规定执行外,尚应符合下列原则:

**1** 必要时宜进行专门的水文地质勘察,进一步查明水文地质条件和含水层参数,评价地下水对基坑工程及周边环境的影响。

**2** 应在围护结构设计阶段同步开展基坑降水设计,同时满足基坑工程安全和基坑外 $3H$ 处地下水水位和地面沉降控制要求。

**3** 宜采用坑内降水模式,降水井深度不宜超过止水帷幕深度。

**4** 当基坑降水设计不能满足地面沉降控制要求时,应以基坑最小抽水量和止水帷幕最佳插入比为约束条件,计算止水帷幕深度最优解;若仍不能满足要求且具备回灌施工条件时,可进行工程降水与回灌一体化设计。

**5.2.4** 深基坑降水方案中应明确不同分层开挖深度的水位降深控制要求,降水过程中宜采用信息化技术实时监测地下水水位,按照分层开挖的安全水位降深控制基坑抽水量。

**5.2.5** 深基坑工程地下水回灌技术要求可按本标准附录 F 执行。当坑外水位降深超过水位控制要求时,应及时进行人工回灌。

## 5.3　隧道工程施工地面沉降防治

**5.3.1** 隧道工程施工应根据监测监护情况及时调整优化施工方案,必要时可采取注浆等工程措施。施工期间应同步开展隧道轴线变形与地面沉降跟踪监测,当监测数据出现异常或超过预警值时,应及时通报施工单位采取应对措施。

**5.3.2** 冻结法开挖过程中应对冻结帷幕与永久结构之间空隙进行填充注浆,解冻过程中可通过隧道或联络通道预留的注浆孔进行跟踪注浆,并同步进行监测。

## 5.4 重大市政工程沿线地面沉降防治

**5.4.1** 对重大市政工程进行定期巡查,发现沿线有堆土、施工等特殊情况应及时处置并进行监护监测,发现隧道有漏水、漏砂等异常情况应列为重点区段加密监测。

**5.4.2** 重大市政工程重点区段可根据地面沉降速率采取微调道床、双液注浆、施加钢环等防治措施。

## 5.5 其他防治措施

**5.4.1** 建设场地可采用预留标高、物理方法、化学方法或综合方法减小地面沉降影响。

**5.4.2** 物理方法可选用回填、强夯、换土垫层、排水疏干、堆载预压、真空预压等措施,并设置泄压孔对地基土进行预处理。

**5.4.3** 化学方法可选用添加试剂与土体发生固结反应,可采用深层搅拌法、旋喷桩法等方法对地基土进行加固处理。

# 6 成果文件编制

## 6.1 一般规定

**6.1.1** 地面沉降监测与防治成果文件应包括成果报告、附图附表、原始数据、监测和防治设施竣工资料等。

**6.1.2** 地面沉降监测与防治设施建设完成后,应编制监测和防治设施建设竣工报告、监测和防治工作成果报告;根据需要,宜同步建设地面沉降数据库及信息管理系统。

**6.1.3** 成果文件编制应符合本市相关管理文件的汇交要求。

## 6.2 竣工报告编制

**6.2.1** 地面沉降监测与防治设施竣工后,应整理相关质量控制资料和实物地质资料,包括以下内容:

    **1** 地质编录记录、钻探班报表等施工资料。

    **2** 钻孔岩芯或地层缩样等实物资料。

    **3** 水质测试报告、土工试验报告、测井报告。

**6.2.2** 地面沉降监测设施建设完成后应编制竣工报告,宜包括以下内容:

    **1** 工程概况。

    **2** 设计要求和原则。

    **3** 监测设施建设施工工艺与质量评述。

    **4** 每座标(井)的孔口标高、平面坐标及平面位置示意图。

    **5** 由地层柱状图、监测设施结构图、测井、土工测试、水质测试参数等组成的综合成果图。

    **6**  施工时间、进度及施工组织。

    **7**  主要结论和建议。

**6.2.3**  地面沉降防治设施建设完成后应编制竣工报告,宜包括以下内容:

    **1**  目的与任务。

    **2**  工作部署与工作量。

    **3**  施工工艺与质量评述。

    **4**  回灌管路安装与回灌工艺。

    **5**  地下水水位、水质、水温特征。

    **6**  抽水试验与水文地质参数的计算与评价。

    **7**  配置回灌井平面位置、地层柱状及成井结构、回灌管路装置、回灌工艺流程等各类附图。

    **8**  主要结论与建议。

## 6.3  成果报告编制

**6.3.1**  地面沉降监测和防治工作成果包括原始数据、月报、季报、年报等,应符合下列规定:

    **1**  原始数据包括地面沉降量、分层沉降量和地下水开采量、回灌量、水位、水质等。

    **2**  月报宜以简报形式为主,一般包括月度监测工作总结、监测设施维护管理情况、月度监测数据分析等。

    **3**  季报应对地下水开采量、回灌量、水位与地面沉降进行季度对比,分析地面沉降动态特征等。

    **4**  年报应对年度地面沉降监测、防治工作进行系统总结,分析年度地面沉降动态变化规律,评价地面沉降防治措施与效果,提出下年度工作建议等。

**6.3.2**  深基坑及隧道工程地面沉降监测和防治工作成果包括施

工记录、原始数据、工作报告及附件资料等,应符合下列规定:

    **1** 施工记录包括施工日志、降水工况、基坑抽水量及回灌量等。

    **2** 原始数据包括地下水水位、地面沉降、分层沉降、孔隙水压力等监测数据。

    **3** 工作报告应对施工期间地面沉降监测与防治工作进行总结,分析监测数据,评述地面沉降防治效果;

    **4** 附件资料宜包括专门水文地质勘察报告、施工方案、降水设计、监测方案、抽水试验报告等。

**6.3.3** 重大市政工程地面沉降监测工作成果包括原始数据、工作报告和附图表,应符合下列要求:

    **1** 原始数据主要包括地面沉降量、分层沉降量、地下水水位。

    **2** 工作报告主要对工程概况、监测工作情况、监测成果分析及结论与建议等内容。

    **3** 附图表主要包括地面沉降监测高程控制网图、监测点布设图、监测项目沉降特征曲线图、监测项目监测成果汇总表、与地质条件及沿线地面沉降关系图等。

## 6.4 数据库及信息管理系统建设

**6.4.1** 区域地面沉降数据库建设应包括监测区域地质信息、监测设施信息、动态监测数据和文档资料等,并应符合下列规定:

    **1** 监测区域地质信息主要包括钻孔位置、地层结构、参数指标数据等。

    **2** 监测设施信息主要指设施编号、坐标、位置、当前状态等,如有变更,应及时更新并与实地设施保持一致。

    **3** 动态监测数据主要包括地下水开采量、回灌量、水位和地面沉降等监测数据,应完整地、长时间序列地记录存储。

**4** 文档资料主要包括监测设施竣工资料、巡查维护记录、监测记录等。

**6.4.2** 工程性地面沉降数据库建设应包括工程类型、工程概况、设施信息、监测数据和文档资料等。

**6.4.3** 地面沉降信息管理系统建设可借助信息化技术手段,将多种监测方法、监测手段的数据源进行集成,进行分层次数据分析统计和共享服务。

# 附录 A 水准点、基岩标、分层标、GNSS 观测墩建设技术要求

## A.1 水准点

**A.1.1** 水准点由标石和标志组成。标石设计可参考图 A.1.1-1，标志设计可参考图 A.1.1-2。

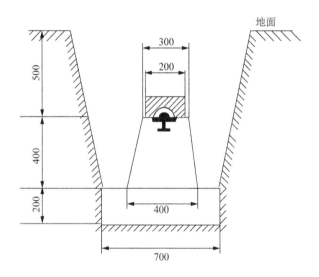

图 A.1.1-1 水准点标石设计(mm)

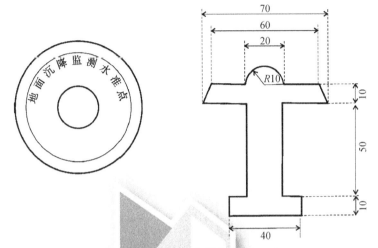

**图 A.1.1-2　水准点标志设计(mm)**

**A.1.2**　水准点布设完成后应填写点之记,点之记应符合下列规定:

　　**1**　点之记表式可按表 A.1.2 执行。

　　**2**　应绘制水准点位置示意图,标出到 3 个以上明显地物的位置和距离,实地丈量距离精确至分米。

　　**3**　水准点坐标可现场实测或从地形图上量取,精度为 0.01 m。

**表 A.1.2　水准点点之记表式**

等级　　　　　　线名　　　　　　　　　　　第　　　页共　　　页

| 标别 | 点号 | 原点号 | 标志类型 | 标志质料 | 保护设施 | 概略坐标 | | 行 政 区 | |
|---|---|---|---|---|---|---|---|---|---|
| 明标 | | | | | | X | | 埋 设 者 | |
| 暗标 | | | | | | Y | | 埋设日期 | |
| 所在地 | | | | | | | | | |
| (位置示意图,远、近景照片) | | | | | 备注 | | | | |
| | | | | | 调 查 者 | | | | |
| | | | | | 调查日期 | | | | |

## A.2 基岩标

**A.2.1** 基岩标结构采用保护管保护的,应配有钢制滚轮式扶正器的无缝钢管标杆结构形式的标型(图 A.2.1)。

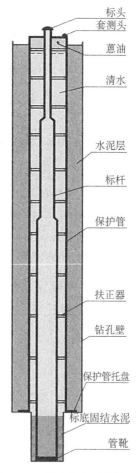

标头
套测头
蔥油
清水
水泥层
标杆
保护管
扶正器
钻孔壁
保护管托盘
标底固结水泥
管靴

图 A.2.1 基岩标标型结构示意

**A.2.2** 保护管结构应符合下列要求：

**1** 保护管的直径及壁厚应根据基岩标埋深和标杆及扶正器的规格确定；

    1）埋标深度大于或等于 150 m 时,保护管外径不应小于 $\phi$168 mm,壁厚不宜小于 7 mm。

    2）埋标深度小于 150 m 时,保护管外径不应小于 $\phi$127 mm,壁厚不宜小于 5 mm。

**2** 保护管应采用优于 DZ40 的地质专用无缝钢管。

**3** 保护管宜采用公、母丝扣连接方式。

**4** 保护管底部应安装钢质环状托盘,其外径宜大于保护管直径 80 mm～100 mm,且应小于钻孔直径,厚度宜为 20 mm～25 mm。

**A.2.3** 标杆结构应符合下列要求：

**1** 标杆结构应按照埋设深度确定：

    1）埋设深度大于或等于 150 m 时,应选用"多宝塔形"结构,采用合理的标杆规格及长度配比。常用的规格为 $\phi$89 mm—$\phi$73 mm—$\phi$42 mm,长度配比按"九五分割原理"确定。

    2）埋设深度小于 50 m 时,可选用一径到底结构,常用规格为 $\phi$42 mm。

    3）其余埋设深度的基岩标可选用"二级宝塔形"结构,常用的规格为 $\phi$73 mm—$\phi$42 mm,长度配比按"九五分割原理"确定。

**2** 材质应采用优于 DZ40 的地质专用无缝钢管,壁厚不小于 4.5 mm。

**3** 应采用地质专用套管梯形丝扣、外平接箍连接,或采用锁接头丝扣连接,接箍材质同标杆。

**4** 管材必须圆直,每米管材的弯曲度不得大于 1 mm,壁厚误差不得大于 10%,丝扣及变径连接必须与管材同心。

**5** 底部应安装钢质环状托盘,外径应小于基岩钻孔直径

10 mm,厚度为 15 mm～20 mm。在托盘底部宜开φ30 mm 的孔眼。

**6** 标杆底部一般应埋设进入到完整基岩内 5 m～10 m,保护管的底部必须进入新鲜基岩 2 m,确保引测标杆不受干扰。

**A.2.4** 扶正器结构应符合下列要求:

**1** 结构应与标杆、保护管的结构及规格匹配,可采用滚轮式、钢珠式;材质应采用 45# 碳钢或铸钢件;滚轮式扶正器见图 A.2.4。

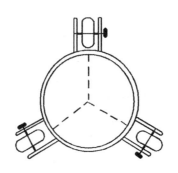

图 A.2.4 滚轮式扶正器

**2** 扶正器安装间距。基岩标下部标杆的扶正器间距可稍短,上部间距可适当放长,宜为 6 m～9 m,最大间距不得超过 10 m。钻孔基岩段内的标杆,可不安装扶正器。

**A.2.5** 主标头结构应符合下列要求:

**1** 长度宜为 400 mm～500 mm,应高出保护盖顶端 100 mm 左右。

**2** 外径必须比与其相连接的顶部标杆直径大 2 mm～3 mm,与保护管顶盖内孔的间隙宜为 0.5 mm～1 mm。

**3** 应采用不锈钢材质制作,顶端应车制成半球弧形。

**A.2.6** 副标头结构应符合下列要求:

**1** 副标点必须固定在保护管的保护盖上,保护盖应采用地质套管专用梯形丝扣与保护管连接。

**2** 保护盖板应开中心孔,镶有铜套,其内径应大于主标点外径 1.5 mm～2.0 mm。铜套的材质与扶正器同。

**3** 保护盖应采用与保护管同径的 DZ40 无缝钢管管材制成，并应采取镀铬处理。

**4** 副标头应采用防锈、防腐蚀的不锈钢制成，直径应为 $\phi 12$ mm，顶部制成半球弧形。

**A.2.7** 基岩标孔钻进时必须保持钻孔垂直，且应符合下列要求：

**1** 孔口处钻孔顶角应为 $0°$；每钻进 50 m，钻孔顶角累计递增不得大于 $0.2°$。

**2** 终孔深度小于 300 m 时，终孔顶角不得大于 $1.0°$；300 m～500 m 时，终孔顶角不得大于 $1.5°$；大于 500 m 时，终孔顶角不得大于 $2.0°$。

**3** 在基岩标孔施工中，每钻进（或扩孔）50 m、换径及终孔时，必须校正一次孔深，孔深允许误差范围为 $\pm 1‰$。

**4** 应根据钻孔的性质及地层情况，下入不同规格、不同深度的护管护孔。基岩标孔的覆盖层孔段可先钻小径的"导正孔"（$\phi 130$ mm～150 mm），再扩孔成孔。成孔口径应比保护管外径大 100 mm～150 mm，基岩孔段的钻孔口径不应小于 $\phi 130$ mm。

**A.2.8** 采用保护管外灌注法应符合下列要求：

**1** 在保护管与钻孔间隙内下入外径不大于 $\phi 50$ mm 的灌浆导管，下入深度应为保护管底部环状托盘以上 300 mm，并再次循环泥浆，保持灌浆通道畅通。

**2** 现场配制水泥浆液。水泥标号不应低于 325，水泥浆液的水灰比不应大于 0.5，水泥浆液内不得混入杂物。

**3** 向灌浆管内泵入水泥浆液，体积宜为保护管与钻孔的环状间隙体积量。

**4** 灌浆深度应为自底部托盘至孔口的距离，当孔口返出纯水泥浆液时，灌浆工序结束。同时，按建筑规范要求取 3 个～4 个水泥浆样，妥善保养、保管。

**5** 灌浆结束后应重新校正保护管上部的垂直度，使其居中、固定。

**6** 水泥浆灌注完毕必须候凝，候凝时间为 3 d～5 d。

**A.2.9** 采用保护管内压浆法应符合下列要求：

**1** 将搅拌好的水泥浆液(其体积量通常为保护管与钻孔外环状间隙体积的 1.2 倍左右)直接泵入保护管内，通过保护管底部通水孔，使水泥浆液压入保护管与钻孔外环状间隙内，直至灌完。

**2** 泵入计算好的替浆清水。替浆清水应立即泵入，体积通常为保护管的管内体积与灌注通道体积之和。将水泥浆液压至保护管底，孔口返出纯水泥浆液，并将保护管顶部的压浆阀门严密封闭，在待凝不超过 12 h 内，下钻杆泵入清水，将保护管内固结强度较低的水泥浆固结物清除，只保留保护管底 2 m～3 m 已初具强度的水泥柱。

**3** 应取 3 个～4 个水泥浆样，并妥善保养、保管。

**4** 灌浆结束后应重新校正保护管上部的垂直度，使其居中、固定。

**5** 水泥浆灌注完毕必须候凝，候凝时间为 3 d～5 d。

**A.2.10** 标杆的埋设应符合下列要求

**1** 标杆必须下到预定深度，允许误差为 ±0.1 m。

**2** 标杆下到位后，向标杆内灌入现场配制的定量水泥浆液，其体积量宜为钻孔基岩孔段实际体积的 80%。

**3** 保护管与标杆间注入清洁水，上部 2 m～3 m 灌入防锈油。

**A.2.11** 基岩标竣工后，应安装窨井盖或建设标房对标体进行保护。

## A.3 分层标

**A.3.1** 分层标结构宜选用保护管保护、无缝钢管标杆、带滚轮的金属扶正器、标底配有滑筒、插钎及护管托盘的分层标标型(图 A.3.1)，并应满足下列要求：

**1** 标杆必须与标底托盘、插钎连为一体。

**2** 保护管底部必须安装滑筒装置，并应根据地层特征调整保护管底部与标底的合理间距。

**3** 标杆与保护管之间必须安装扶正器。

**4** 在保护管与钻孔间隙内必须采取下部投黏土球止水、上部灌注水泥浆或填土加固。

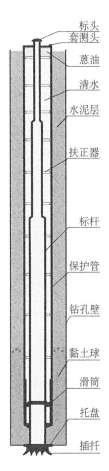

图 A.3.1 分层标标型结构

A.3.2 保护管结构应符合下列要求:

1 保护管的结构形式宜采用单层结构保护管或单层管外补强保护管。

2 规格应根据分层标埋深确定:埋深大于 150 m 可选用 $\phi146$ mm 或 $\phi168$ mm 规格;埋深小于 150 m 可选用 $\phi127$ mm 或 $\phi108$ mm,材质选用 DZ40 地质专用无缝钢管,管壁厚度不宜小于 4.5 mm。

**3** 连接应采用地质专用套管的梯形丝扣、外平接箍连接，接箍材质同保护管。

**4** 保护管必须具有良好的圆直度，丝扣加工须保证与保护管同心度。

**A.3.3** 标杆结构应符合下列要求：

**1** 埋深 50 m～150 m 的分层标，宜采用"宝塔型"结构的标杆，一般采用"双宝塔"结构。标深大于或等于 150 m，也可采用"三宝塔"结构，并按"九五分割原理"设置；小于或等于 50 m 的浅式分层标，可采用上、下同径的标杆。

**2** 标杆材质可选用 DZ40 地质专用无缝钢管，壁厚不小于 4.5 mm。

**3** 底部与位于滑筒中心的滑杆顶部对接接头相连接，使标杆与标底连为一体。

**A.3.4** 标底结构应符合下列要求：

**1** 由底部插钎、钢质环状托盘、滑杆、对接接头组成，相互连为一体。

**2** 插钎应由 DZ40 无缝钢管制成，直径宜为 $\phi89$ mm，壁厚宜为 4.5 mm，长度视土层软硬确定，宜为 300 mm～400 mm，沿其轴向均匀地开 8 条～10 条叉缝。压标时在外力作用下，将开过叉缝的插钎斜向插入地层，与地层固为一体。标底结构见图 A.3.4。

**3** 插钎为爪形，其底部放置锥形木楔，最大外径应大于插钎内径 10 mm～15 mm，长度不应超过 100 mm。为防止下入孔内时木楔中途脱落，应预先将锥形木楔装入爪形插钎内孔。

**4** 插钎全部压入地层时，位于上部的钢质环状托盘必须平稳地坐落在目的监测层面上。

**5** 滑杆的下部与钢质环状托盘连接，上部通过对接接头与标杆相连。通过连接在保护管底部特殊滑筒的滑动、密封作用，使滑杆、标杆与保护管能在一定距离(1 m～2 m)内上下滑动。

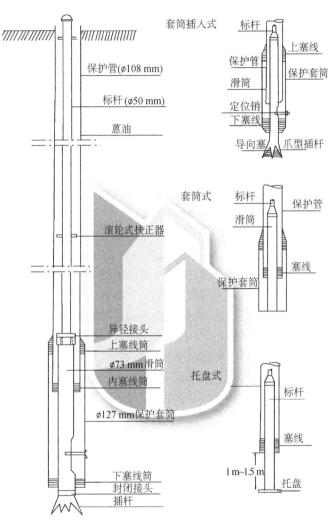

图 A.3.4　分层标标底结构示意

**6**　托盘外径不宜小于钻孔直径 50 mm,厚度为 20 mm～25 mm,材质为 45# 碳素结构钢。

**7**  滑杆直径不宜小于$\phi$60 mm,长度不宜短于1 500 mm,采用45#碳结钢车磨制成。

**8**  标底与保护管的滑动间距应根据地层的特性及分层标的埋设深度确定,范围宜为400 mm~1 000 mm。

**A.3.5**  滑筒结构应符合下列要求:

**1**  液压滑筒由外筒、液压腔、注油螺栓、液压油、上密封盖、铜套、油封、中心轴孔和锥形密封底盖等组成密封滑动系统。

**2**  在液压滑筒的上部安装一组滑杆导正装置,滑杆导正装置由下列部件组成:

  1)外壳:应采用同规格的保护管制成,下与液压滑筒、上与保护管连接。

  2)导正滑道:应由固定在外壳内壁上的两根呈180°角的方钢与安装于滑杆上端的两块导正凹槽组成,导正凹槽沿着方钢上下滑动,使标杆与保护管的滑动更加稳定。

  3)滑杆应安装在滑筒的中心,借助液压密封系统使滑筒与滑杆上下滑动(滑杆保持不动),完成保护管与标杆之间的垂向位移。

  4)滑筒底部的密封底盖应安装倒锥形的导向体,以减少保护管下沉时对下部地层及标底的影响。

**A.3.6**  扶正器及主、副标头的结构形式可与本标准A.2中基岩标相同。

**A.3.7**  分层标组钻探应符合下列规定:

**1**  钻孔开孔口径应根据地表地层的性质及标孔的用途选择,通常应大于分层标孔成孔直径100 mm~200 mm。下入孔口护管后,下部钻孔应采用多级扩孔、一径到底施工。

**2**  钻孔垂直度及孔深校正技术同基岩标。

**3**  分层标钻探时,各标间距不宜小于4 m。在相邻分层标埋设标底的深度差较大的情况下,标间距可适当减小。

**A.3.8**  压标底应符合下列规定:

**1**  保护管、标底必须下到预定埋标深度,深度误差不应超过 1‰。

**2** 在保护管内下入压标钻杆,利用钻机油缸压力,通过压标钻杆、滑杆将插钎压入土层。同时,底部托盘也随之下滑,最终使环状托盘底面平稳坐落在目的监测层上。也可直接压保护管,压力通过保护管、环状托盘、将插钎压入土层。

**3** 压标深度必须大于插钎的长度。

**4** 上提保护管时,应在保护管内下入钻杆压住滑杆,保持标底固定不动,然后再上提保护管,调整好保护管底与标底的合理间距。

**A.3.9** 对接标杆应在保护管内,按照编号逐根下入标杆,并在规定的位置安装扶正器。当下至滑杆顶部对接接头处时,核对深度误差小于±100 mm 后,顺时针旋转标杆,将标杆与对接接头拧紧,使标杆与标底连为一体。

**A.3.10** 保护管外的止水、加固与补强应符合下列规定:

**1** 应在标底以浅 20 m 孔段投入干黏土球封孔止水。

**2** 黏土球顶部至孔口的钻孔环状间隙内:深式分层标(深于 50 m)应采用灌注水泥浆加固,灌浆技术要求同基岩标保护管外灌浆;浅式分层标(浅于 50 m)可全部用黏土块回填、封孔加固。

**3** 黏土球应由优质膨润土制作并风干,直径不应大于 30 mm,黏土球、黏土块不应投入过快,以防止中途"架桥"。

**4** 封孔、加固水泥的标号不应低于 325,水泥浆液的水灰比不应大于 0.5。

**5** 孔口部位应灌注水泥浆加固。

**6** 止水、灌浆结束后,必须使保护管顶部垂直、居中且固定。

**A.3.11** 标体的防锈、防腐蚀要求如下:

**1** 下保护管和标杆前,必须清除内、外壁锈蚀层,并涂刷防锈蚀保护层。

**2** 标体高于地面的裸露部位,应采用不锈钢制作,或对其进行镀铬处理。

**3** 成标后,保护管内应灌满清水,使整个标体处于"无氧的还原环境"之中,上部 2 m～3 m 灌入防锈油,通常选用腐蚀性小的机油或机械油。

**A.3.12** 分层标竣工后,应安装窨井盖或建设标房对标体进行保护。

## A.4 GNSS 观测墩

**A.4.1** GNSS 观测墩顶部为不锈钢板,中心设有强制对中螺丝(英制),在底座上埋设水准点和大理石标牌。

**A.4.2** 观测墩的设计规格见表 A.4.2,建设结构见图 A.4.2。

表 A.4.2 GNSS 观测墩设计规格 (mm)

| 部件 | 规格(长×宽×高) | 材料 |
|---|---|---|
| 圆柱 | 直径 400,高 1 800 | 混凝土(4 根 φ 12,φ 8@250) |
| 基础 | 1 200×1 200×800 | 混凝土(φ 8@360) |
| 顶板 | 200×200×3 | 不锈钢 |

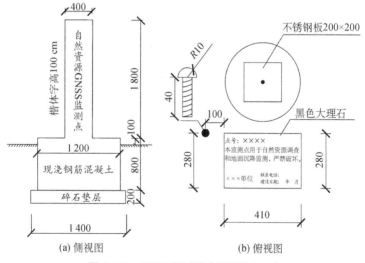

(a) 侧视图      (b) 俯视图

图 A.4.2 GNSS 观测墩建设结构(mm)

# 附录 B　地下水监测井、孔隙水压监测孔建设技术要求

## B.1　地下水监测井

**B.1.1**　地下水监测井设计内容包括钻孔口径和终孔孔深,井管口径和井壁管、过滤器、沉淀管长度,填砾、止水与封孔层位等,其结构如图 B.1.1 所示。

| 地埋年代及代号 | 含水层及代号 | 层底埋深(m) | 厚度(m) | 岩性简述 | 地层设计柱状图 | 地下水监测井结构示意图 |
|---|---|---|---|---|---|---|
| 全新世 Q4 | 潜水含水层 | 3.6 / 10.0 | 7.0 | 灰色淤泥质粉质黏土、灰色淤泥质黏土 | | 井管口径 |
| | 微承压含水层 | 20.0 | 10.0 | 草黄色、灰色粉砂 | | |
| | | 30.0 | 10.0 | 草黄色、灰色积砂 | | 钻孔口径 |
| 上更新世 Q3 | | 35.0 | 5.0 | 暗绿色黏土 | | |
| | 第一承压含水层(I) | 60.0 | 25.0 | 草黄色、灰色粉砂 | | 井壁管 |
| | | 76.0 | 16.0 | 灰色粉质黏土 | | |
| | 第二承压含水层(II) | 108.0 | 32.0 | 灰色含砾中粗砂 | | |
| 中更新世 Q2 | | 123.0 | 15.0 | 灰色、蓝灰色粉质黏土 | | |
| | 第三承压含水层(III) | 151.0 | 28.0 | 黄绿色、灰色粉细砂局部灰色含砾中砂 | | 止水层 154m(优质黏土球) 164m |
| | | 172.0 | 21.0 | 灰色、黄绿色粉质黏土 | | |
| 下更新世 Q1 | 第四承压含水层(IV) | 242.0 | 70.0 | 浅灰色砂细砂,192m以下主要为灰色含砾中粗砂 | | 填砾层(石英砂) 过滤器 沉淀管 |
| | | 261.0 | 19.0 | 褐黄色灰黄色黏土 | | |
| | 第五承压含水层(V) | 290.0 | 29.0 | 褐黄色粉细砂 | | |
| | | 306.0 | 16.0 | 灰白色钙质土 | | |

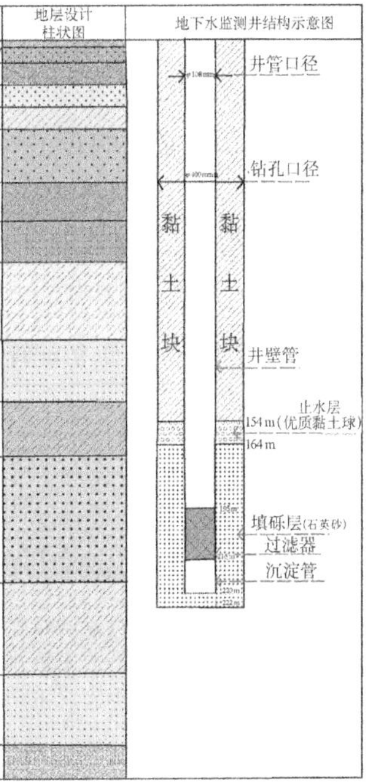

图 B.1.1　上海地区典型含水层地下水监测井成井结构示意

**B.1.2** 地下水监测井钻孔孔径与井径宜符合表 B.1.2 的规定。

表 B.1.2　地下水监测井钻孔孔径与井径一览表(mm)

| 类型 | 开孔孔径 | 钻孔孔径 | 目的层过滤器段孔径 | 终孔孔径 | 井径 |
|------|---------|---------|------------------|---------|------|
| 地下水监测井 | 同径,一般 400 | | | | 108～146 |

**B.1.3** 监测井钻孔取芯宜满足下列要求:

　　**1** 进行地层全取芯(连续取芯)钻进,至目的含水层底面时止。

　　**2** 黏性土采取率不应低于 90%,砂性土采取率不应低于 70%。

**B.1.4** 钻孔孔斜应满足下列要求:

　　**1** 钻孔深度小于 50 m 时,要求终孔测斜,孔斜不应大于 1°。

　　**2** 钻孔深度大于 50 m 时,要求每 50 m 及终孔测斜,孔斜不应大于 1°/100 m,终孔钻孔累计孔斜不应超过 1.5°,钻孔终孔孔斜可累计计算,超差必须纠正。

**B.1.5** 钻进中每 50 m 及终孔校正孔深,其误差不应大于 1/1 000。

**B.1.6** 井管、过滤器、沉淀管壁厚、口径、长度和材质宜按表 B.1.6 的规定确定。

表 B.1.6　井管、过滤器、沉淀管壁厚、口径、长度和材质一览表

| 内容 | 壁厚(mm) | 口径(mm) | 长度(m) | 材质 |
|------|---------|---------|---------|------|
| 井管 | 8 | 同径 | 过滤器至地表段 | 地质专用无缝钢管 |
| 沉淀管 | | | 3～5 | |
| 过滤器 | | | 视含水层厚度,当含水层小于 10 m 时,一般为完整井;当含水层大于 10 m 时,一般为非完整井,长度根据要求设置 | 与井管同规格的骨架管焊肋筋缠铜丝过滤器 |

**B.1.7** 围填应满足下列要求：

**1** 围填砂应采用与目的含水层砂颗粒级配相匹配的天然石英砂,围填砂型号应根据相关规范确定。

**2** 围填高度应高于含水层顶面,高出高度可取含水层上部隔水层厚度的 1/3~1/2,遇特殊情况应现场再次确定。

**3** 投砾方式宜采取动态投砾方式,边投边测砾料所在深度。

**B.1.8** 止水与封孔应满足下列要求：

**1** 止水层应采用优质黏土球,高度不小于 10 m,黏土球直径为 3 cm~5 cm。

**2** 止水结束后应进行止水效果检验,检验合格后,孔口至止水深度间可采用黏土块围填,孔口应采用优质黏土封口。

**B.1.9** 宜采用活塞及空压机交替洗井,抽出的井水含砂量达到设计标准,地下水的单位涌水量与该含水层附近供水井相近或二次活塞洗井单位涌水量不再增加时,可停止洗井。

**B.1.10** 抽水试验宜按三次降深进行,具体操作除应按现行国家标准《供水水文地质勘察规范》GB 50027 的有关规定执行外,尚应满足下列要求：

**1** 静止水位观测中水位稳定时间一般不小于 4 h。

**2** 进行单次降深（最大降深）稳定流抽水试验,动水位稳定时间不应少于 16 h。

**3** 停泵后观测恢复水位,水位恢复至抽水前的静水位后,宜继续观测 4 h 左右。

**4** 根据相关规范,记录抽水试验过程中的出水量、水位和水温等数据。

**5** 抽水试验结束前应采集地下水样。

## B.2 孔隙水压监测孔

**B.2.1** 施工准备应符合下列规定：

**1** 安装前,应在室内检查率定,确认仪器可正常使用。

**2** 埋设前,须取出其端部的透水石,煮沸 1 h～2 h 排除空气,或用无气水浸泡 24 h,并放置无气水中直至埋设前。

**3** 安装透水石时宜在清水中操作,应确保端部空腔内充满清水。

**4** 应将仪器用装满饱和粗砂的纱布包裹,纱袋宜有一定重量。

**B.2.2** 钻孔施工应符合下列规定:

**1** 钻孔孔径宜选 130 mm。

**2** 钻孔施工符合相关钻探标准的有关规定。

**3** 若场区地层变化较大,已有工程勘察资料不能满足要求时,应对施工钻孔取芯,确定孔隙水压力计埋设层位。

**B.2.3** 孔隙水压计埋设应符合下列规定:

**1** 回填黏土球至设计最深的孔隙水压计埋设位置以下 0.5 m 时,回填粗砂至设计深度,再将孔隙水压计放入孔内至孔底,并将连接电缆固定于井口,继续回填粗砂,保证孔隙水压计上方有 0.5 m 厚粗砂覆盖。如图 B.2.3 所示。

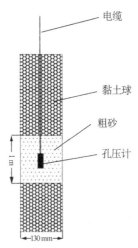

图 B.2.3 孔隙水压计埋设示意

**2** 应分多次、缓慢投放黏土球,避免"搭桥"。

**3** 黏土球回填应密实,封堵隔离相邻孔隙水压计。

**4** 当需要在单个孔同时监测多个目标层位的孔隙水压时,可按上述步骤依次完成多个目标层位的孔隙水压计埋设。

# 附录 C 深基坑减压降水地面沉降监测记录表

**C.0.1** 深基坑减压降水地面沉降监测成果表见表 C.0.1-1、表 C.0.1-2,应由监测单位技术人员填写。

表 C.0.1-1 深基坑减压降水运行情况记录表

| ××工程基坑减压降水运行情况记录表 | | | |
|---|---|---|---|
| 监测日期 | | 天气 | |
| 基坑工况 | （施工进展、降水情况等） | | |
| 坑内设计水位降深 | | 坑外 3H 处水位降深控制指标 | |
| 减压降水井编号 | 是否开启 | 抽水流量（m³/d） | 备注 |
| …… | | | |
| 回灌井编号 | 是否开启 | 回灌流量（m³/d） | 备注 |
| …… | | | |
| 坑内水位监测井编号 | 水位（m） | 坑外 3H 处水位监测井编号 | 水位（m） |
| …… | | | |
| 说明： | | | |
| 填表人： | | 检查人/日期： | |
| 项目负责人： | | 监测单位（签章）： | |

注:$H$ 为基坑开挖深度。

## 表 C.0.1-2　深基坑减压降水地面沉降监测记录表

| ××工程基坑减压降水地面沉降监测记录表 | | | | | | |
|---|---|---|---|---|---|---|
| 监测日期 | | | 天气 | | | |
| 基坑工况 | （施工进展、降水情况等） | | | | | |
| 坑外 3H 处地面沉降控制指标 | | | | | | |
| 地面沉降监测设施编号 | 到基坑侧边距离（m） | 初值（m） | 测量值（m） | | 沉降量（mm） | |
| | | | 上次 | 本次 | 本次 | 累计 |
| （地面沉降监测点） | | | | | | |
| （分层标监测点） | | | | | | |
| ...... | | | | | | |
| 说明： | | | | | | |
| 填表人： | | 检查人/日期： | | | | |
| 项目负责人： | | 监测单位（签章）： | | | | |

# 附录 D 深基坑减压降水地面沉降控制预警指标

**D.0.1** 微承压含水层(⑤₂层)降水地面沉降控制分区见图 D.0.1,沉降控制分区特征见表 D.0.1-1,预警指标可参照表 D.0.1-2 执行。

图 D.0.1 微承压含水层(⑤₂层)降水地面沉降控制分区

表 D.0.1-1　微承压含水层(⑤₂层)降水地面沉降控制分区特征

| 分区 | 地层特征 | |
| --- | --- | --- |
| | 地层组合特征 | 含水层底板埋深(B) |
| ⑤₂Ⅱ-1 | 滨海平原古河道区 | $B \leqslant 30$ m |
| ⑤₂Ⅱ-2 | | 30 m$<$$B<$60 m |
| ⑤₂Ⅲ-2 | 河口沙岛区　无硬土层分布区 | 30 m$<$$B<$60 m |
| ⑤₂Ⅳ-2 | 潮坪地貌区　新进成陆区 | 30 m$<$$B<$60 m |

表 D.0.1-2　微承压含水层(⑤₂层)降水地面沉降预警指标

| 地面沉降控制分区 | 双控分区 | 分区特征 | 3H 控制点水位降深控制指标(m) | 3H 控制点地面沉降控制指标(mm) |
| --- | --- | --- | --- | --- |
| 重点防治区（Ⅰ） | ⑤₂Ⅱ-2 | 古河道区 | 1.5 | 4.5 |
| 次重点防治区（Ⅱ） | ⑤₂Ⅱ-2 | 古河道区 | 1.5 | 5.0 |
| 一般防治区（Ⅲ） | ⑤₂Ⅱ-2 | 古河道区 | 1.5 | 5.5 |

**D.0.2** 第一承压含水层(⑦层)降水地面沉降控制分区见图 D.0.2,沉降控制分区特征见表 D.0.2-1,预警指标可参照表 D.0.2-2 执行。

**图 D.0.2 第一承压含水层(⑦层)降水地面沉降控制分区**

表 D.0.2-1　第一承压含水层(⑦层)降水地面沉降控制分区特征

| 分区 | 地层特征 | | |
|---|---|---|---|
| | 地层组合特征 | | 含水层底板埋深($B$) |
| $⑦_{I-1}$ | 湖沼平原区 | 两层硬土层分布区 | 30 m<$B$≤60 m |
| $⑦_{II1-1}$ | 滨海平原正常沉积区 | ⑥层、⑧层均分布区 | 30 m<$B$≤60 m |
| $⑦_{II1-2}$ | | | $B$>60 m |
| $⑦_{II2-3}$ | | ⑥层分布、⑧层缺失 | 一、二承压含水层沟通 |
| $⑦_{II3-1}$ | 滨海平原古河道区 | ⑥层缺失、⑧层分布区 | 30 m<$B$≤60 m |
| $⑦_{II3-2}$ | | | $B$>60 m |
| $⑦_{II4-3}$ | | ⑥层、⑧层均缺失区 | 一、二承压含水层沟通 |
| $⑦_{IV1}$ | 潮坪地貌区 | 新进成陆区 | 30 m<$B$≤60 m |
| $⑦_{IV2}$ | | | $B$>60 m |
| $⑦_{IV3}$ | | | 一、二承压含水层沟通 |

表 D.0.2-2　第一承压含水层(⑦层)降水地面沉降预警指标

| 地面沉降控制分区 | 双控分区 | 分区特征 | 3$H$ 控制点水位降深控制指标（m） | 3$H$ 控制点地面沉降控制指标（mm） |
|---|---|---|---|---|
| 重点防治区（I） | $⑦_{II1-1}$ | 正常沉积⑦、⑨不沟通区 | 2.0 | 2.5 |
| | $⑦_{II1-2}$ | | | 3.0 |
| | $⑦_{II2-3}$ | 正常沉积⑦、⑨沟通区 | 1.0 | 2.0 |
| | $⑦_{II3-1}$ | 古河道⑦、⑨不沟通区 | 1.5 | 2.5 |
| | $⑦_{II3-2}$ | | | 3.0 |
| | $⑦_{II4-3}$ | 古河道⑦、⑨沟通区 | 0.5 | 2.5 |
| | $⑦_{IV2}$ | 新近成陆区 | 1.0 | 3.0 |
| | $⑦_{IV3}$ | | | 2.5 |

| 地面沉降控制分区 | 双控分区 | 分区特征 | 3H 控制点水位降深控制指标（m） | 3H 控制点地面沉降控制指标（mm） |
|---|---|---|---|---|
| 次重点防治区（Ⅱ） | ⑦Ⅱ1-1 | 正常沉积⑦、⑨不沟通区 | 2.0 | 3.5 |
| | ⑦Ⅱ1-2 | | | 4.0 |
| | ⑦Ⅱ2-3 | 正常沉积⑦、⑨沟通区 | 1.0 | 3.0 |
| | ⑦Ⅱ3-1 | 古河道⑦、⑨不沟通区 | 2.0 | 3.0 |
| | ⑦Ⅱ3-2 | | | 4.0 |
| | ⑦Ⅱ4-3 | 古河道⑦、⑨沟通区 | 1.0 | 3.0 |
| 一般防治区（Ⅲ） | ⑦Ⅱ1-1 | 正常沉积⑦、⑨不沟通区 | 2.0 | 4.0 |
| | ⑦Ⅱ1-2 | | | 4.5 |
| | ⑦Ⅱ2-3 | 正常沉积⑦、⑨沟通区 | 1.5 | 3.5 |
| | ⑦Ⅱ3-1 | 古河道⑦、⑨不沟通区 | 1.5 | 3.5 |
| | ⑦Ⅱ4-3 | 古河道⑦、⑨沟通区 | 2.0 | 3.5 |
| | ⑦Ⅳ2 | 新近成陆区 | 2.0 | 4.5 |
| | ⑦Ⅳ3 | | | 3.5 |

**D.0.3** 第二承压含水层(⑨层)降水地面沉降控制分区见图 D.0.3,沉降控制分区特征见表 D.0.3-1,预警指标可参照表 D.0.3-2 执行。

图 D.0.3 第二承压含水层(⑨层)降水地面沉降控制分区

表 D.0.3-1　第二承压含水层(⑨层)降水地面沉降控制分区特征

| 分区 | 地层特征 | | 含水层底板埋深($B$) |
|---|---|---|---|
| | 地层组合特征 | | |
| ⑨$_{I-1}$ | 湖沼平原区 | 两层硬土层分布区 | $B \leqslant 60$ m |
| ⑨$_{I-2}$ | | | $B > 60$ m |
| ⑨$_{II1-1}$ | 滨海平原正常沉积区 | ⑧层分布区 | $B \leqslant 60$ m |
| ⑨$_{II1-2}$ | | | $B > 60$ m |
| ⑨$_{II3-1}$ | 滨海平原古河道区 | ⑧层分布区 | $B \leqslant 60$ m |
| ⑨$_{II3-2}$ | | | $B > 60$ m |
| ⑨$_{III-1}$ | 河口砂岛区 | 无硬土层分布区 | $B \leqslant 60$ m |
| ⑨$_{III-2}$ | | | $B > 60$ m |
| ⑨$_{IV-1}$ | 潮坪地貌区 | 新进成陆区 | $B \leqslant 60$ m |
| ⑨$_{IV-2}$ | | | $B > 60$ m |
| — | 一、二承压含水层沟通区 | ⑧层缺失区 | |

表 D.0.3-2　第二承压含水层(⑨层)降水地面沉降预警指标

| 地面沉降控制分区 | 双控分区 | 分区特征 | $3H$ 控制点水位降深控制指标（m） | $3H$ 控制点地面沉降控制指标（mm） |
|---|---|---|---|---|
| 重点防治区（Ⅰ） | ⑨$_{II1-2}$ | 正常沉积⑦、⑨不沟通区 | 1.5 | 1.5 |
| | ⑨$_{II3-2}$ | 古河道⑦、⑨不沟通区 | 1.0 | 2.0 |
| 次重点防治区（Ⅱ） | ⑨$_{II1-2}$ | 正常沉积⑦、⑨不沟通区 | 2.0 | 2.0 |
| | ⑨$_{II3-2}$ | 古河道⑦、⑨不沟通区 | 1.5 | 2.5 |
| 一般防治区（Ⅲ） | ⑨$_{II1-2}$ | 正常沉积⑦、⑨不沟通区 | 2.0 | 2.5 |
| | ⑨$_{II3-2}$ | 古河道⑦、⑨不沟通区 | 2.0 | 3.0 |

# 附录 E 专门地下水回灌技术要求

## E.1 布 设

**E.1.1** 专门回灌井应布设在地面沉降发育区或低水位区。

**E.1.2** 回灌目的含水层应具备较好的储水能力,且水质无腐蚀性。

**E.1.3** 场地应具备建设施工、长期保护和通水通电等条件,且 50 m 范围内无污染源。

## E.2 成 井

**E.2.1** 专门回灌井设计内容应包括钻孔口径和终孔孔深,井管口径和井壁管、过滤器、沉淀管长度,填砾、止水与封孔层位等,其结构如图 E.2.1 所示。

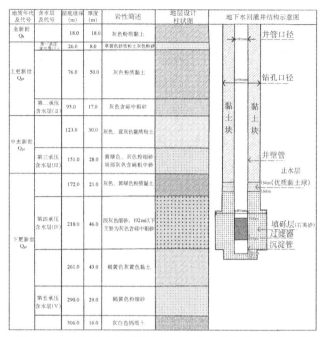

**图 E.2.1　上海地区典型含水层地下水回灌井成井结构示意**

**E.2.2**　专门回灌井钻孔孔径与井径宜符合表 E.2.2 的规定。

**表 E.2.2　专门回灌井钻孔孔径与井径一览表（mm）**

| 类型 | 开孔孔径 | 钻孔孔径 | 目的层过滤器段孔径 | 终孔孔径 | 井径 |
|---|---|---|---|---|---|
| 专门回灌井 | 宜大于非回灌孔段口径 100～200 | 600 | 宜大于过滤器外径 400～500 | 与钻孔孔径同径 | 250～325 |

**E.2.3**　专门回灌井成井工艺可按照地下水监测井成井工艺执行。

## E.3　运　行

**E.3.1**　专门回灌井可采用真空回灌或压力回灌,应满足下列规定:

**1** 真空回灌适用于地下水静水位埋深大于 10 m 的含水层；压力回灌适用于地下水静水位埋深小于 10 m 或其他不宜采用真空回灌的含水层。

**2** 真空回灌井内水位以上至电动控制阀之间的管路应具备良好的密封条件。

**3** 压力回灌井过滤器网的抗压强度应满足压力回灌要求，且井管与泵座应密封。

**E.3.2** 回灌管路系统宜由输水管路、进水管路、回流管路和排水管路组成，真空、压力两用回灌井的管路装置可按图 E.3.2 执行。

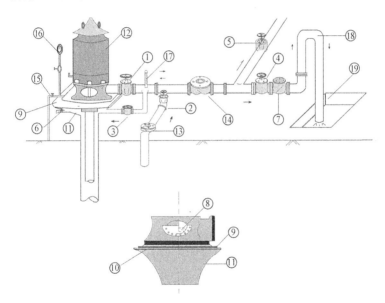

1—电动控制阀；2—进水阀；3—回流阀；4—扬水阀；5—用水阀；6—放气阀；
7—单流阀；8—盘根水封；9—橡皮垫；10—法兰板；11—全密封井管座；
12—深井泵电动机；13—进水表；14—出水表；15—引水管；
16—真空压力表；17—温度表；18—"U"形管；19—排水池

**图 E.3.2 真空、压力回灌管路装置示意**

**E.3.3** 回灌水源应采用自来水或符合饮用水标准的其他水源。

**E.3.4** 回灌过程可采用智能化设备控制,实现回灌和回扬远程操作、水位和水量实时监测。

**E.3.5** 专门回灌井监测内容、频率及精度宜按表E.3.5执行。

表 E.3.5 专门回灌井监测内容、频率及精度一览表

| 观测项目 | | 监测频率 | 监测精度 | 监测时间 |
|---|---|---|---|---|
| 回灌量 | | 1次/旬 | ±1 m³ | 回灌结束前 |
| 回扬量 | | 符合表E.3.7规定 | | 回扬结束前 |
| 回灌压力 | | 与回扬频率一致 | ±0.01 MPa | 回扬开始前 |
| 水温 | 回灌原水 | 2次/年~4次/年 | ±0.5 ℃ | 回灌过程中,与水样采集同步监测 |
| | 地下水 | | | |
| 水质 | 回灌原水 | 2次/年~4次/年 | — | 成井时首次取样,回灌过程中回灌原水与地下水应同步取样 |
| | 地下水 | | — | |

**E.3.6** 专门回灌井水样采集、保存和送检应符合现行行业标准《水文测井工作规范》DZ/T 0181 和现行国家标准《水质采样样品的保存和管理技术规定》GB/T 12999 的相关规定,水样测试应符合现行行业标准《地质矿产实验室测试质量管理规范》DZ/T 0130 的相关规定。

**E.3.7** 专门回灌井应定期进行回扬,回扬以浑水出尽、清水稳定后停止为宜,回扬频率可按表 E.3.7执行。

表 E.3.7 回灌井回扬频率一览表

| 回灌含水层岩性 | 回扬频率 |
|---|---|
| 粗砂砾石 | 1次/2天 |
| 中细砂 | 1次/天 |
| 粉砂 | 1次/天~2次/天 |

**E.3.8** 专门回灌井报废后应进行封井处理。

# 附录 F  深基坑工程地下水回灌技术要求

**F.0.1**  回灌井布设场地应符合下列规定：

**1**  宜布设在距离基坑 $0.5H \sim 2H$ 范围内，井间距应小于回灌井影响半径，井数可通过现场试验、数值模拟等方法确定。

**2**  应具备施工场地及临时保护条件，且 100 m 范围内不得存在污染源。

**3**  坑外回灌应对坑内降水及周边管线等保护设施无影响或影响轻微。

**F.0.2**  回灌井结构设计应符合下列规定：

**1**  回灌井设计井深应与降水井同层次，且不宜大于止水帷幕深度。

**2**  回灌井孔径宜选用 800 mm，管径宜为 273 mm，滤水管段可采用扩大孔径，宜可选用 325 mm 双层过滤器。

**F.0.3**  回灌井施工应符合下列规定：

**1**  成井技术要求可按本标准附录 E.2 执行。

**2**  滤料宜选用比地层砂粒径大 1 级～2 级的天然石英砂。

**3**  止水段下部黏土球厚度不应小于 10 m，上部宜采用标号不小于 C35 的混凝土充填震动密实，或填瓜子片后压密注浆加固处理。

**4**  回灌井施工完成后，应至少间隔 2 周～3 周时间方可进行回灌。

**F.0.4**  回灌工艺应符合下列规定：

**1**  回灌管路应满足压力回灌要求，可按本标准图 E.3.2 执行。

**2**  开始回灌时应控制压力先小后大，一般不宜大于 0.2 MPa，并与降水目的层的回灌难易程度相适应。

**3**  减压降水期间宜采用原水回灌，回灌原水如铁、锰离子含量高,应进行除铁、锰处理,降压结束后采用自来水回灌。

**F.0.5** 回灌监测应符合下列规定:

**1** 当基坑周围地面沉降超过预警沉降量时,必须开启回灌井进行回灌,回灌应与减压降水同步进行。

**2** 回灌过程中应对静水位、回灌量、回灌压力等内容进行监测,对自来水水温、原水水温、地下水水温、回灌原水及地下水水质等内容可选测。

**3** 地下水回灌期间的监测内容、频率及精度可按表 F.0.5 执行。

表 F.0.5　深基坑工程地下水回灌井监测内容、频率及精度一览表

| 观测项目 | | 监测频率 | 监测精度 | 监测时间 |
|---|---|---|---|---|
| 回灌量 | | 1 次/天 | ±0.1 m³ | 回灌过程中 |
| 回灌压力 | | 1 次/天 | ±0.01 MPa | 回灌过程中 |
| 地下水静水位 | | — | ±0.01 m | 回灌开始前 |
| 回扬量 | | 符合表 E.3.7 规定 | ±0.1 m³ | 回扬开始前、结束后 |
| 水温 | 回灌原水 | 与回扬频率一致 | ±0.5 ℃ | 回灌过程中 |
| | 地下水 | | | |
| 水质 | 回灌原水 | — | — | 回灌开始前<br>回灌结束后 |
| | 地下水 | — | — | |

**4** 地下水水样采集、保存、送检及测试应符合现行行业标准《水文测井工作规范》DZ/T 0181、现行国家标准《水质采样样品的保存和管理技术规定》GB/T 12999 的相关规定,水样测试应符合现行行业标准《地质矿产实验室测试质量管理规范》DZ/T 0130 的相关规定。

**5** 连续回灌 1 d～2 d 应回扬 1 次,当浊水出尽、清水稳定时可停止回扬。回灌过程中应对出现的回灌压力明显增加或回灌量明显减小等异常情况进行记录,并及时查明原因,可按本标准附录 G 和附录 H 的规定进行处理。

**F.0.6** 回灌达到预定效果或工程结束后,应对回灌井(监测井)进行封井,封井可对滤管部分采取压密注浆,对井管部分采用回填十。

# 附录 G  回灌井堵塞判别及处理方法

**G.0.1** 回灌井堵塞可按以下方法判别：

1  回灌量保持恒定时，回灌水位逐渐或迅速上升，溢出井口。

2  回灌水位或压力保持恒定时，回灌量逐渐或迅速减少。

3  动水位持续下降，甚至出现断水现象。

4  回扬水呈锈黄色、有臭味，含有大量杂质、絮状沉淀物和小气泡。

5  回灌水量、水位、回扬量与动水位相关曲线斜率出现突变点或拐点。

6  单位回灌量、出水量随时间变化的曲线斜率急剧下降。

**G.0.2** 回灌井堵塞可按以下方法处理：

1  处理回灌初期出现的气相堵塞和悬浮物堵塞，宜采用回扬的处理方法。

2  化学堵塞宜采用化学与回扬处理相结合的处理方法。

3  处理回灌后期出现的生物化学堵塞，宜采用化学试剂处理与回扬相结合的处理方法。

**G.0.3** 轻度物理堵塞的处理可按表 G.0.3 执行。

表 G.0.3  压力回扬适用条件及操作方法

| 回扬方法 | 适用条件 | 操作方法 |
|---|---|---|
| 真空回扬 | 适用于过滤器结构强度较大的回灌井 | 回扬前，关闭进水阀、回流阀和放气阀，开足电子控制阀、电子扬水阀，然后开泵回扬 |
| 吸气回扬 | 适用于过滤器结构中等强度的回灌井 | 回扬前，关闭进水阀、回流阀，开足电子控制阀、电子扬水阀和放气阀，然后开泵回扬 |

| 回扬方法 | 适用条件 | 操作方法 |
|---|---|---|
| 回流回扬 | 适用于过滤器结构强度较差或已出现断水和出砂的回灌井 | 回扬前,关闭进水阀和放气阀,开足电子控制阀、回流阀和电子扬水阀,然后开泵回扬 |

**G.0.4** 严重物理堵塞的处理可按表 G.0.4 执行。

表 G.0.4 回扬反冲适用条件及操作方法

| 回扬方法 | 适用条件 | 操作方法 |
|---|---|---|
| 回扬与间歇停泵反冲 | 适用于过滤器结构强度较差的回灌井 | 回扬前,关闭进水阀、回流阀,开足电子控制阀、电子扬水阀和放气阀,然后开泵回扬。水清后,每隔 3 min～5 min 采用间歇扬水与停泵方法 |
| 真空回扬与间歇回流反冲 | 适用于具有回流管装置的回灌井 | 回扬前,关闭进水阀、回流阀和放气阀,开足电子控制阀、电子扬水阀,然后开泵回扬。水清后,每隔 5 min～10 min 打开和关闭一次回流阀 |
| 回扬与加压回灌反冲 | 适用于具有加压设备及过滤器结构强度较好的或新凿的回灌井 | 回扬前,关闭进水阀、回流阀,开足电子控制阀、放气阀和电子扬水阀,然后开泵回扬。水清后,停泵,立即关闭电子控制阀和电子扬水阀,开足进水阀,缓慢打开电子控制阀,先从泵管内灌水,待空气从放气阀放光并溢出水后,再关闭放气阀。每次扬水、停泵和加压灌水时间,宜分别控制在 15 min、5 min 和 30 min |

**G.0.5** 过滤器化学沉淀堵塞宜采用酸洗法,并按下列要求操作:

**1** 酸洗前,应掌握井管和过滤器的口径、深度、材质及静动水位等资料。

**2** 将带有橡皮封的注酸管($\phi$38 mm 黑铁管或硬塑料管)下至过滤器上端,在井口上方注酸管接储酸桶和放气管,并在连接管上各装一阀门。

**3** 宜采用10％浓度盐酸加2％浓度酸洗抗蚀剂溶液。

**4** 将配制好的盐酸和酸洗抗蚀剂溶液(注酸量按橡皮封以下井深和断面积计算)倒入酸管桶,打开储酸桶阀门,向井下过滤器注入盐酸,待储酸桶内的盐酸流尽,关紧储酸桶阀门,迅速打开放气管阀门,放尽反应气体后,关闭放气管阀门,使盐酸在井内封存24 h～72 h。

**5** 取出注酸管,再用空压机和活塞反复冲洗,直至过滤器上化学沉淀物抽出,水路疏通为止。

**G.0.6** 铁细菌堵塞处理方法应按下列要求操作:

**1** 在井水中分别加入3％浓度的过氧化氢($1 m^3$水中加入$0.001 m^3$)和10％浓度的亚硫酸钠溶液($1 m^3$水中加入$0.02 m^3$)。

**2** 采用回扬与加压回灌反冲方法,疏通过滤器水路。

**3** 采用经曝气和锰砂过滤预处理后的回灌水进行回灌。

**4** 每天定时回扬,保持过滤器水路畅通。

**G.0.7** 硫酸盐还原菌堵塞处理方法应按下列要求操作:

**1** 连续8 d～10 d定时向井中通纯氧。

**2** 在井水中加入3％浓度的过氧化氢($1 m^3$水中加入$0.001 m^3$)。

**3** 采用回扬与加压回灌反冲方法,疏通过滤器水路。

**4** 每天定时回扬,保持过滤器水路畅通。

# 附录 H 回灌井维修和保养

## H.1 工作内容

**H.1.1** 回灌井常规维修保养应包括下列内容：

1 深井泵电动机的维修保养。

2 深井泵维修保养。

3 过滤器网堵塞物质和沉淀管沉积泥砂的清除。

**H.1.2** 回灌井特殊故障检修应包括下列内容：

1 突然断水或电动机出现故障后的检修。

2 大量带出填砾砂后的过滤器套补。

3 大量带出地层泥、砂后的井管套补。

4 井中坠物和补管的打捞。

5 井口地面坍塌后的管外止水填封。

## H.2 维修检查

**H.2.1** 回灌井维修检查可采用抽水检查、木模检查、等砂器检查及井下电视检查等方法。

**H.2.2** 回灌井抽水检查应包括下列内容：

1 观察记录电动机运转情况。

2 地下水静、动水位的变化情况。

3 回扬水质物理性状（包括颜色、臭味、悬浮物、气泡等）以及出浑水和泥砂情况。

**H.2.3** 回灌井木模检查应按下列要求操作：

**1** 制作木模。

**2** 将木模安装在配有木模套筒的实心重杆上。

**3** 将安装木模的实心重杆，缓慢放入井内，直至木模被搁置为止。

**4** 起吊实心重杆，测量木模被搁置的深度。

**5** 将木模打印装置用实心重杆放入离木模被搁置3 m～5 m处冲下。

**6** 吊出木模打印装置，根据木模底部打出的印痕，判别井内是否有积砂、坠物、井壁管以及过滤器的损坏状况。

**H.2.4** 回灌井等砂器检查应按下列要求操作：

**1** 制作等砂器和支架护套。

**2** 在实心重杆上装配好重杆、伸缩杆连接器和活塞伸缩杆，并用螺帽将活塞伸缩杆上的支架护套固定在等砂器上。

**3** 将装好等砂器的实心重杆放到井内静水位以下不同深度上下抽动。

**4** 用卷扬机缓慢吊出等砂器，查看等砂器内的积砂情况，判定漏洞或裂缝位置。

**H.2.5** 回灌井井下电视检查法是一种采用井下电视检查井管错裂和过滤器堵塞、破裂状况，从地面显示屏上直接观察到井内存在的各种损坏故障的先进方法。


## H.3 井内积砂清除


**H.3.1** 回灌井在回扬过程中不断出现含砂、泥水现象时，应立即停止回灌。

**H.3.2** 回灌井积砂类型及除砂方法的选择宜按表 H.3.2 确定。

表 H.3.2　井内积砂类型及除砂方法

| 积砂类型 | 积砂程度 Lv | 除砂方法 | 适用条件 |
|---|---|---|---|
| 轻度出砂 | <1/3 | 深井泵、空气压缩机 | 井管、过滤器完好 |
| 严重出砂 | 1/3～1/2 | 须先用泥浆封堵破裂的井管，再用泥浆泵、掏砂器除砂 | 局部井管破裂 |
| 极严重出砂 | >1/2 | 须先套补破裂的过滤器，再用掏砂器除砂 | 过滤器破裂 |

注：$Lv$ 为积砂顶面高出过滤器底端的过滤器长度(m)与出砂回灌井的过滤器长度(m)的比值。

**H.3.3** 采用掏砂器除砂应按下列要求操作：

**1** 制作掏砂器。

**2** 用双绳筒卷扬机的副绳筒钢丝绳将掏砂器放入井内积砂部位，使钢丝绳和掏砂器相加的总长度比井口至砂面的长度长 30 cm～50 cm。

**3** 用人力拉动钢丝绳(一拉一放)，待掏砂器装满砂后，再用卷扬机吊出掏砂器，倒出积砂。

## H.4　水路疏通

**H.4.1** 水路疏通可采用深井泵疏通法、活塞疏通法、空压机疏通法、酸化洗井疏通法和开底疏通法等。

**H.4.2** 采用深井泵疏通法操作时，应按下列要求操作：

**1** 间断抽水(即开泵抽水后，当井水被抽至井口时，立即关泵)，待井水恢复至静水位时，再开启深井泵；到井水快要涌出井外时，再关泵。

**2** 按上述操作开、关泵 3 次～4 次后，长开一次深井泵，彻底清除过滤器、填砾层和含水层砂粒孔隙中带有杂质沉淀物的浑水，待水质由浑变清后，再关闭深井泵。

**H.4.3** 采用活塞疏通法疏通水路时,应按下列要求操作:

**1** 选用轮胎橡皮作活塞皮,其外径应比井管内径大 16 mm 左右,其内径孔应按活塞管外径计算。

**2** 活塞皮下部放 2 个~3 个铁垫圈,其直径自上而下逐渐减小,最下面的垫圈要焊固在管子上,最大的垫圈应比井管内径小 2 mm~5 mm。

**3** 活塞皮上部的垫圈要小,只要垫管能压住而不使活塞皮下井后翻掉即可。

**4** 首次用钢丝绳将装有活塞的实心重杆送入井内时,可先下至静水位以下 15 m~20 m 的井管中,然后试拉活塞,以检验活塞皮大小、井架的负荷及卷扬机的牵引力。试拉后,将活塞逐渐下至更深处,并逐渐加大活塞垫圈,以确保活塞的安全使用。

**5** 用卷扬机上拉钢丝绳,至活塞拉出井口后,再下放活塞,如此反复,不断上拉下冲活塞,直至浑水出尽、过滤器水路通畅为止。

**H.4.4** 采用空压机疏通法疏通水路时,应按下列要求操作:

**1** 采用空压机与活塞联合洗井方法。

**2** 空压机洗井时,出水管应下至过滤器内,自上而下,逐层冲透,直至浑水出尽变清为止。

**3** 洗井过程中,如出水总是清水多于浑水,则宜改用加大风量的方法。启动空压机时,先将储气桶阀门关掉,以提高储气桶内的压力,待储气桶达到预定压力(或安全阀门允许的最大压力)时,快速打开储气桶的出气管阀门,待井水冲出井口后,关闭出气管阀门。

**4** 反复 3 次~4 次逐层冲洗后,再进行一次正常扬水,以清除井内浑水。

**H.4.5** 采用酸化洗井疏通法疏通水路时,应按下列要求操作:

**1** 将带有橡皮封的注酸管下至过滤器上端,在井口上方,注酸管接储酸桶和放气管,连接管上各装一阀门。

**2** 按计算的酸量,将 10%浓度的盐酸、酸洗抗蚀剂和醋酸稳定剂倒入储酸桶内,盖上桶盖。

**3** 打开储酸桶阀,通过注酸管将盐酸注入过滤器内。

**4** 待储酸桶内盐酸流尽,关紧储酸桶阀,打开放气管阀,放完反应气体后,关闭放气管阀。

**5** 酸洗井应进行 3 次~4 次酸洗,每次应注酸 200 kg~250 kg。

**6** 注酸后,至少应隔 1 d,方可取出注酸管,再采用空压机或活塞洗井,至过滤器堵塞疏通和洗清井内酸液为止。

**7** 现场注酸时,应有安全防护装置。

**H.4.6** 采用开底疏通法疏通水路时,应按下列要求操作:

**1** 将麻花钻头装在 $\phi100$ mm 底端焊有导向护栅的管子上并接送至井底,井口用木板将送管固定于井管的同心位置。

**2** 绞动送管,在井底钻一孔,再改用多片爪子钻,将孔径扩至 $\phi100$mm 以上,然后起出送管。

**3** 用空压机抽水(出水管下至过滤器段),待过滤器周围填砾坍塌后,停止抽水,起出出水管和风管。

**4** 用掏砂器掏清井内积砂,封底后,再用活塞或空压机抽水,直至水路疏通为止。

# 本标准用词说明

1  为了便于在执行本标准条文时区别对待,对要求严格程度不同的用词说明如下:

1)表示很严格,非这样做不可的用词:

正面词采用"必须";

反面词采用"严禁"。

2)表示严格,在正常情况下均应这样做的用词:

正面词采用"应";

反面词采用"不应"或"不得"。

3)表示允许稍有选择,在条件许可时首先应这样做的用词:

正面词采用"宜";

反面词采用"不宜"。

4)表示有选择,在一定条件下可以这样做的用词,采用"可"。

2  标准中指定应按其他有关标准执行时,写法为"应符合……的规定(要求)"或"应按……执行"。

# 引用标准名录

1 《生活饮用水卫生规范》GB 5749
2 《国家一、二等水准测量规范》GB/T 12897
3 《水质采样样品的保存和管理技术规定》GB/T 12999
4 《地下水质量标准》GB/T 14848
5 《全球定位系统(GPS)测量规范》GB/T 18314
6 《测绘成果质量检查与验收》GB/T 24356
7 《城市轨道交通工程监测技术规范》GB 50911
8 《地质矿产实验室测试质量管理规范》DZ/T 0130
9 《水文地质钻探规程》DZ/T 0148
10 《地面沉降测量规范》DZ/T 0154
11 《水文测井工作规范》DZ/T 0181
12 《地面沉降调查与监测规范》DZ/T 0283
13 《深基坑工程降水与回灌一体化技术规程》DB31/T 1027
14 《旁通道冻结法技术规程》DG/TJ 08—902
15 《基坑工程施工监测规程》DG/TJ 08—2001
16 《地质灾害危险性评估技术规程》DGJ 08—2007
17 《城市轨道交通结构监护测量规范》DG/TJ 08—2170

上海市工程建设规范

地面沉降监测与防治技术标准

DG/TJ 08—2051—2021
J 11371—2021

条 文 说 明

2021　上海

# 目　次

# Contents

# 1 总　则

**1.0.1** 地面沉降作为上海地区最主要的地质灾害,具有不可逆和累进的特点。在国内,上海地面沉降的历史最长,影响也最大,防治研究的成效也最为显著。由于地面沉降影响因素十分复杂,地面沉降影响范围和发展速率在不同空间、时间上具有较大的差异性。监测资料表明,半个多世纪以来,地面沉降已使上海区域地貌形态发生显著变化,目前中心城区高程普遍小于 3.5 m,地面沉降不可逆和累进的特点给城市防汛防涝工作带来直接严重影响,而不均匀地面沉降对线性工程的安全运营造成的严重影响也将是持续的、长期的。

上海市工程建设规范《地面沉降监测与防治技术规程》DG/TJ 08—2051—2008(以下简称"原规程")是 2007 年立项编制的全国第一本地方性地面沉降监测与防治技术规程,规定了地面沉降监测和防治工作技术要求,并首次提出了深基坑工程地面沉降监测与防治的工作技术要求。原规程的实施,推动形成了深基坑工程地面沉降防治工作共识,较好地规范了地面沉降监测和防治工作,促进了地面沉降防治能力及防控成效的提升。

上海作为超大型低海拔沿海城市,为进一步加强本市地面沉降监测和防治工作,根据《上海市地面沉降防治管理条例》和上海市住房和城乡建设管理委员会《关于印发〈2016 年上海市工程建设规范编制计划〉的通知》(沪建管〔2015〕871 号)要求,对原规程进行了修订。本次修订基本保持原规程的总体框架,做了部分调整。补充了近年来地面沉降监测和防治的实践经验,精简优化了深基坑工程地面沉降监测和防治技术要求,增加了重大市政工程沿线地面沉降监测技术要求,并与相关技术标准、规范进行了协调。

**1.0.2** 由于上海地区地质条件的特殊性,除了大规模超采地下水引发的地面沉降外,在深层地下空间开发及运营期间,深基坑降排水、土体开挖卸载、动荷载对土层的扰动等人类工程活动均会在建设工程周围一定范围内引发不同程度的地面沉降问题,这不仅对建设工程本身的安全和周围环境带来不利影响,更重要的是将对地面沉降整体防治带来不利,从而影响上海地区的城市安全和可持续发展。

2013 年 7 月实施的《上海市地面沉降防治管理条例》,对抽取地下水和工程建设活动等引发地面沉降的监测和防治工作提出了明确要求。为此,本标准从地质环境保护角度,对深层地下水开采引发的区域地面沉降和深基坑降水、隧道工程施工等建设活动引发的工程性地面沉降的监测和防治工作进行了规定;从城市安全运营角度,对运营的重大市政工程沿线地面沉降监测和防治工作也进行了规定。

综上所述,本标准可作为《上海市地面沉降防治管理条例》和《上海市地质灾害危险性评估管理规定》(沪规土资规〔2018〕2 号)等法规、规章实施的主要技术依据。

**1.0.3** 本标准中尤其是工程性地面沉降还涉及地质勘查、设计、结构、施工、监测、调查评价等专业,故地面沉降监测和防治除应遵守本标准外,有关部分还应符合现行国家标准《城市轨道交通工程监测技术规范》GB/T 50911 和现行上海市工程建设规范《基坑工程施工监测规程》DG/TJ 08—2001、《城市轨道交通结构监护测量规范》DG/TJ 08—2170、《旁通道冻结法技术规程》DG/TJ 08—902 等相关技术标准的规定。

# 2 术 语

**2.0.11** 本标准中界定的深基坑工程,主要是针对深基坑减压降水引发的地面沉降问题。上海地区与工程建设密切相关的浅部承压含水层主要有微承压含水层、第一承压含水层和第二承压含水层;根据基坑开挖后坑内地基土抗承压水稳定性估算,在微承压含水层分布区,基坑开挖深度超过 7 m 时,一般需要进行减压降水作业。

# 3 区域地面沉降监测

## 3.1 一般规定

**3.1.1** 开展地面沉降调查,是掌握地面沉降发育现状及范围的基础工作,以便有针对性地部署地面沉降监测网及开展监测工作。

**3.1.2** 地下水回灌是区域地面沉降防治的重要措施,因此,有必要将地下水水质作为地面沉降监测内容,以监测掌握地下水回灌对地下水水质产生的长期影响,保障地下水资源安全。

**3.1.3** 上海地区年均地面沉降速率连续多年控制在 6 mm 以内,考虑到各类监测方法的适用条件和监测精度,故应采用多种监测方法融合以相互校正。

## 3.3 区域监测网布设

**3.3.1** 地面沉降控制区是上海地面沉降防治精细化管理的重要措施。根据"两局两委"〔上海市规划和国土资源管理局(现上海市规划和自然资源局)、上海市水务局、上海市住房和城乡建设管理委员会及上海市交通委员会〕联合发布的《上海市地面沉降控制区范围划定方案》(沪规土资矿〔2018〕155 号),本市划分为"三区一带"(表 1 和图 1),即地面沉降重点控制 I 区(含 $I_1$ 区和 $I_2$ 区)、地面沉降次重点控制区(Ⅱ区)、地面沉降一般控制区(Ⅲ区)以及地面沉降重点控制带(B)。

表 1 上海市地面沉降控制区划定一览表

| 类型 | 名称 | | 面积(km²) | 分布区域 |
|---|---|---|---|---|
| 控制区 | 地面沉降重点控制区(Ⅰ区) | 地面沉降重点控制Ⅰ₁亚区 | 649 | 外环线以内的区域 |
| | | 地面沉降重点控制Ⅰ₂亚区 | 1 307 | 外环线以外的浦东新区以及大虹桥商务区 |
| | 地面沉降次重点控制区(Ⅱ区) | | 974 | 宝山区、嘉定区及闵行区等 |
| | 地面沉降一般控制区(Ⅲ区) | | 3 903 | 奉贤区、松江区、金山区、青浦区及崇明区等 |
| 控制带 | 地面沉降重点控制带(B) | | 476 | 地面沉降次重点及一般控制区(Ⅱ区和Ⅲ区)范围内高速铁路、轨道交通等重大基础设施两侧各500 m范围内,防汛墙、海堤内侧500 m范围内 |

根据"十三五"期间本市地面沉降防治管控要求,全市年平均地面沉降量控制在 6 mm 以内。为实施精细化管理,各分区控制目标如下:

**1 地面沉降重点控制区(Ⅰ区)**

**1)地面沉降重点控制 Ⅰ₁ 亚区**

控制目标:至 2020 年末,该区年均地面沉降量控制在 7 mm 以内,进一步降低不均匀地面沉降影响;至 2025 年,该区年均地面沉降量进一步减缓。

**2)地面沉降重点控制 Ⅰ₂ 亚区**

控制目标:至 2020 年末,该区年均地面沉降量控制在 7 mm 以内,稳步抬升地下水水位,减少地下水开采对区域地面沉降影响,不断缓解不均匀地面沉降影响;至 2025 年,该区年均地面沉降量进一步减缓。

**2 地面沉降次重点控制区(Ⅱ区)**

控制目标:至 2020 年末,该区年均地面沉降量控制在 6 mm

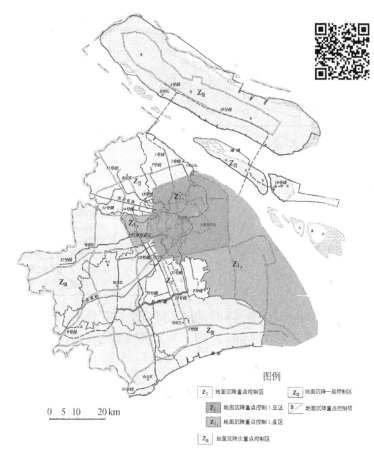

图1 上海市地面沉降控制区划图

以内,基本消除重大基础设施沿线地下水水位漏斗;至2025年,该区年均地面沉降量进一步减缓。

**3 地面沉降一般控制区(Ⅲ区)**

控制目标:至2020年末,该区年均地面沉降量控制在5 mm以内,积极消除由区内地下水开采形成的地下水水位漏斗;至2025年,该区年均地面沉降量进一步减缓。

**4 地面沉降重点控制带（B）**

控制目标：至 2020 年末，该带内年均地面沉降量控制在 5 mm 以内；至 2025 年，该带内年均地面沉降量进一步减缓。减小重大基础设施（高速铁路、轨道交通、防汛墙、海塘等）沿线不均匀沉降，确保重大基础设施运营安全。

**3.3.3** GPS 是美国首先建成并最早应用的全球卫星定位系统。近年来，随着俄罗斯的 GLONAGS、欧盟的 GALILED 和中国的北斗等卫星导航系统相继建成使用，现统称为全球导航卫星定位系统（GNSS）。

根据上海地面沉降监测范围、精度要求和 GNSS 监测试验结果，在参照国家标准《全球定位系统（GPS）测量规范》GB/T 18314—2009 中控制网分级、精度要求基础上，本标准提出地面沉降 GNSS 监测网按固定站、一级网和二级网三个层次布设。国家标准《全球定位系统（GPS）测量规范》GB/T 18314—2009 中 GPS 控制网按测量精度分为 AA、A、B、C、D 和 E 级，主要用于国家和局部 GNSS 控制网的设计、布测与数据处理，更侧重于平面控制测量。相对于国家和局部区域的大面积范围，地面沉降监测区域一般较小，主要集中在人类活动频繁的城市及周边地区，且主要注重垂向分量（大地高）的变化，故国家标准《全球定位系统（GPS）测量规范》GB/T 18314—2009 不完全满足地面沉降监测的需要。鉴于地面沉降对 GNSS 测量垂向精度的要求，从客观上限定了控制网的分级不可能在 GNSS 二级网控制下继续分三级网、四级网……在精度等级上，地面沉降 GNSS 固定站相当于国家标准《全球定位系统（GPS）测量规范》GB/T 18314—2009 的 AA 级和 A 级，一级网相当于 B 级，二级网相当于 C 级。

**3.3.4** 上海自 2004 年开始进行 InSAR 地面沉降监测研究，系统开展了中高分辨率 SAR 影像数据地表变形监测及对比分析研究，目前采用的 PS-InSAR 地面沉降监测达到了毫米级精度。InSAR 技术在迅速获取大范围"面"状区域的地面沉降信息方面具有独特优势，在实施水准测量条件缺失（如人工围填区等）、精度要求不高的区域可采用此方法。因此,本次修订增加了 InSAR 监测的技术要求。

**3.3.5**

**3** 根据《上海市地质灾害危险性评估管理规定》(沪规土资规〔2018〕2 号),上海市地质灾害危险性评估实行单独评估和分区评估相结合的分类评估管理制度。全市共划分为 52 个地质灾害危险性分区评估单元(图 2 和表 2)。

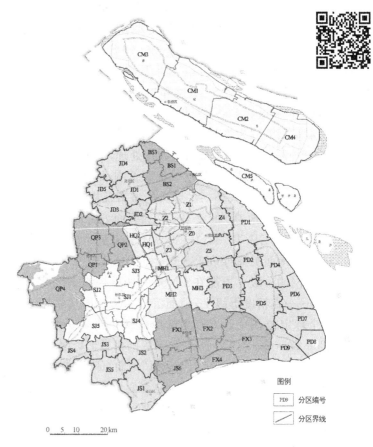

图例

PD9 分区编号

⟋ 分区界线

0  5  10    20 km

**图 2  上海市地质灾害危险性评估分区单元**

表 2    上海市地质灾害危险性评估分区单元

| 序号 | 分区名称 | 分区编号 | 面积(km²) | 所属行政区 |
|---|---|---|---|---|
| 1 | 中央分区 | Z0 | 111 | 跨行政区 |
| 2 | 北分区 | Z1 | 115 | |
| 3 | 西分区 | Z2 | 98 | |
| 4 | 南分区 | Z3 | 75 | |
| 5 | 东北分区 | Z4 | 110 | 浦东 |
| 6 | 张江分区 | Z5 | 133 | 浦东 |
| 7 | 虹桥主功能区分区 | HQ1 | 20 | 跨行政区 |
| 8 | 虹桥商务区分区 | HQ2 | 40 | |
| 9 | 综合保税区分区 | PD1 | 155 | 浦东 |
| 10 | 川沙分区 | PD2 | 90 | |
| 11 | 周康航分区 | PD3 | 197 | |
| 12 | 浦东机场分区 | PD4 | 136 | |
| 13 | 惠南镇分区 | PD5 | 163 | |
| 14 | 老港镇分区 | PD6 | 91 | |
| 15 | 临港产业区分区 | PD7 | 116 | |
| 16 | 临港主城区分区 | PD8 | 69 | |
| 17 | 重装备产业园分区 | PD9 | 102 | |
| 18 | 闵行主城区分区 | MH1 | 72 | 闵行 |
| 19 | 闵行产业园分区 | MH2 | 140 | |
| 20 | 浦江镇分区 | MH3 | 102 | |
| 21 | 宝钢产业园分区 | BS1 | 47 | 宝山 |
| 22 | 宝山新城分区 | BS2 | 143 | |
| 23 | 宝山西部分区 | BS3 | 40 | |
| 24 | 嘉定新城分区 | JD1 | 97 | 嘉定 |
| 25 | 南翔江桥分区 | JD2 | 62 | |
| 26 | 国际汽车城分区 | JD3 | 89 | |

| 序号 | 分区名称 | 分区编号 | 面积（km²） | 所属行政区 |
|---|---|---|---|---|
| 27 | 嘉定工业区分区 | JD4 | 78 | 嘉定 |
| 28 | 嘉定西部分区 | JD5 | 116 | |
| 29 | 松江新城分区 | SJ1 | 149 | 松江 |
| 30 | 余山风景区分区 | SJ2 | 115 | |
| 31 | 九亭泗泾洞泾分区 | SJ3 | 79 | |
| 32 | 松江东南分区 | SJ4 | 114 | |
| 33 | 松江西南分区 | SJ5 | 148 | |
| 34 | 青浦新城分区 | QP1 | 206 | 青浦 |
| 35 | 徐泾赵巷分区 | QP2 | 67 | |
| 36 | 青浦工业区分区 | QP3 | 133 | |
| 37 | 淀山湖生态区分区 | QP4 | 244 | |
| 38 | 金山新城分区 | JS1 | 151 | 金山 |
| 39 | 金山工业区分区 | JS2 | 122 | |
| 40 | 朱泾镇分区 | JS3 | 75 | |
| 41 | 枫泾城分区 | JS4 | 91 | |
| 42 | 金山西南分区 | JS5 | 106 | |
| 43 | 国际化工区分区 | JS6 | 153 | |
| 44 | 南桥新城分区 | FX1 | 185 | 奉贤 |
| 45 | 奉城工业区分区 | FX2 | 145 | |
| 46 | 奉贤东部分区 | FX3 | 218 | |
| 47 | 奉贤杭州湾沿岸分区 | FX4 | 60 | |
| 48 | 城桥新城分区 | CM1 | 266 | 崇明 |
| 49 | 崇明中部分区 | CM2 | 299 | |
| 50 | 崇明西部分区 | CM3 | 314 | |
| 51 | 陈家镇分区 | CM4 | 328 | |
| 52 | 长兴横沙分区 | CM5 | 132 | |

## 3.6 监测频率

3.6.1 根据当前上海地区地面沉降速率整体较低的实际情况,结合上海地区地面沉降监测实践经验及各种监测技术的测量精度(表3),本次修订适当优化调整了各监测内容的监测频率。

表3 不同测量技术的测量精度统计表

| 测量技术 | 名称 | 精度 |
|---|---|---|
| 精密水准测量 | 一等水准 | $M \leqslant \pm 1$ mm |
| | 二等水准 | $M \leqslant \pm 2$ mm |
| 智能化监测 | 静力水准 | $M_s \leqslant \pm 1$ mm |
| GNSS 监测 | GNSS 静态观测 | $M_s(min) = \pm 5$ mm |
| InSAR 监测 | 永久散射体干涉测法<br>(PS-InSAR) | $M_s(min) = \pm 5$ mm |
| | 角反射器干涉测法<br>(CR-InSAR) | $M_s(min) = \pm 3$ mm |

注:表中数据均来自国家标准《国家一、二等水准测量规范》GB/T 12897—2006 和上海市地面沉降监测实践。其中:$M$—水准测量每千米距离的高差中数的全中误差;$M_s$—与精密水准测量结果比较得到的差值中误差;$M_s(min)$—与精密水准测量结果比较得到的差值中误差的最小值。

# 4 工程性地面沉降监测

## 4.1 一般规定

**4.1.1** 依据《上海市地面沉降防治管理条例》等有关要求,结合目前上海市建设工程引发地面沉降的特点和上海市地面沉降防治工作目标,本次修订增加了重大市政工程沿线地面沉降监测内容以服务于城市运营安全。本标准适用于工程建设及运营期间的地面沉降监测工作,工程性地面沉降主要指深基坑工程降水、隧道工程施工以及重大市政工程运营期间沿线地面沉降等,明挖隧道施工的可按深基坑工程类型执行。本条明确了深基坑工程在减压降水期间、隧道工程在施工期间以及正式交付的重大市政工程在运营期间,应在工程性地面沉降的影响范围内进行地面沉降监测工作。

**4.1.5** 考虑到土体深层水平位移(测斜)与地面沉降密切相关,因此,本次修订增加了测斜监测内容,监测技术要求可按照现行上海市工程建设规范《基坑工程施工监测规程》DG/TJ 08—2001 执行。鉴于部分地面沉降监测内容与工程施工监测内容有交叉重合,因此,在制定监测方案及实施过程中应统筹考虑并满足相关技术规定。

## 4.2 深基坑工程地面沉降监测

**4.2.1** 上海地区的工程实践和研究表明,深基坑工程开挖和减压降水引发的地面沉降影响范围远大于现行规范执行的 $3H$

($H$ 为基坑开挖深度,下同),甚至超过 $10H$(图 3,$H=21.65$ m),是当前区域不均匀地面沉降的主要诱因之一,严重影响重大市政工程安全运营及城市安全。从地质环境保护角度,需要进行地面沉降监测,以掌握地面沉降发育动态,为地面沉降防控提供基础依据。

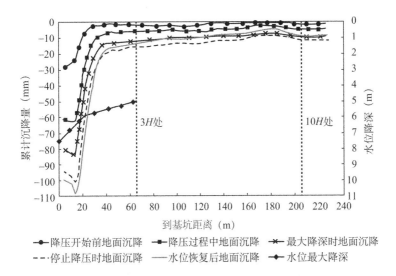

**图 3 某典型深基坑减压降水不同阶段地面沉降纵剖面特征**

深基坑减压降水引发的地面沉降影响因素较多,结合上海地区实际工程案例,主要的影响因素概括如下:

(1)地质环境条件。基坑内水位设计降深主要是由承压水水位和上覆土重二者决定的,上覆土重由基坑开挖深度和承压含水层顶面埋深决定,同时,深基坑降水引发沉降与各地层的渗透、变形特性直接相关,因此,地质环境条件与深基坑减压降水引发的地面沉降关系密切。

(2)水位降深。降水引发的目标含水层有效应力增量是地面沉降最直接的诱因,随着基坑开挖深度的加深,水头降深就越大,降水引发的目标含水层有效应力增量将会产生更明显的地面沉降。

基于上海主城区水文地质特性,利用上海市工程建设规范《岩土工程勘察规范》DG/TJ 08—37—2012 中基坑开挖后坑内地基土抗承压水头的稳定性计算公式(12.3.3),计算得到上海地区超深基坑工程水位降深需求曲线,如图4所示。

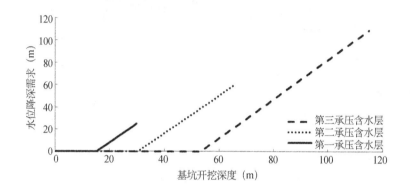

**图4　上海地区超深基坑工程水位降深需求计算曲线图**

(3)工程降水模式。通常,止水帷幕与基坑围护结构密切相关,止水帷幕进入目的含水层的深度决定了工程降水模式。根据止水帷幕与降水目的含水层的关系,可分为三种主要类型(图5):①落底式帷幕,止水帷幕将基坑内的地下水与基坑外的地下水分隔开来,基坑内、外地下水无水力联系,工程降水引发的地面沉降量较小;②敞开式帷幕,基坑内外含水层连续相通,呈二维流态,工程降水会引发较大的地面沉降,且具有较大的影响范围,但降落漏斗平缓;③悬挂式帷幕,止水帷幕深度以下基坑内外含水层是连续相通,止水帷幕深度以上基坑内外含水层不连续,地下水通过三维流进入止水帷幕内,工程降水会引发一定量的地面沉降。

为了控制地面沉降,原则上不应采用敞开式帷幕降水(坑外降水)。

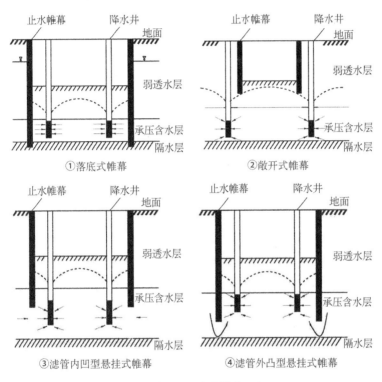

**图5 基坑工程降水模式示意**

(4)基坑规模。上海地区基坑面积跨度较大,据粗略统计,基坑最小约为 300 m²,多为各种小型工作井;面积较大者可达50 000 m²,多为住宅小区。常见的工业与民用建筑基坑面积大多数为 5 000 m²~10 000 m²。在同等条件下,基坑面积越大,形成的降水漏斗越大,由此引发的水位降深和地面沉降的影响范围也较大,深基坑工程密集区则有形成一定范围的区域性降水漏斗的可能。

（5）基坑形状。上海地区基坑形状大多为矩形（近矩形）和不规则多边形，其中以矩形和矩形的组合型最多（T型、L型等），此外还有像地铁车站等条形基坑数量也较多。以矩形基坑为例，长宽比越大的基坑，减压降水引发的基坑外水位降深和地面沉降在基坑的长边和短边方向差异越大，不均匀沉降也越明显。

此外，施工周期、降水强度、止水帷幕渗漏等因素都对深基坑减压降水引发的地面沉降有一定影响。

工程案例表明，地质环境条件、水位降深、工程降水模式和基坑特征（规模、形状等）是影响基坑周围地面沉降的关键因素。止水帷幕完全阻断降水目的层的基坑工程，因基坑内外基本没有水力联系，坑内降水对坑外地下水水位无影响，对坑外地面沉降影响不大，其影响范围一般在 $3H$ 以内（图6，$H=34\ m$，实测范围为 $10H$），因此，该类型基坑的监测范围宜按照现行技术标准规定的 $3H$。对于止水帷幕非完全阻断降水目的层的基坑工程，当采用坑内降水方式时，其影响范围一般在 $6H$ 范围内（图7，$H=18\ m$，实测范围为 $10H$），该类型基坑监测范围不宜小于 $6H$；当采用坑外降水方式时，其影响范围一般可达到 $10H$，甚至超过 $10H$（图8，$H=18\ m$，实测范围为 $10H$），因此，该类型基坑监测范围不宜小于 $10H$。

上海市工程建设规范《基坑工程施工监测规程》DG/J 08—2001—2016 规定"基坑施工前，应对周边建构筑物和有关设施的整体现状、裂缝情况等进行前期巡查，……调查范围宜为基坑边线以外3倍基坑深度""监测范围不应少于基坑边线外2倍基坑深度"。该调查和监测范围主要是从基坑工程本身结构的安全和稳定以及对周围环境的影响程度进行的。本标准规定的地面沉降监测范围主要考虑地质环境安全及保护，也是对现行技术标准中地面沉降监测的有效补充，二者相辅相成。基于深基坑减压降水引发的地面沉降规律特征，$3H$ 范围内地面沉降量满足控制要求时，$3H$ 以外范围亦能满足控制目标。考虑到建设工程用地红

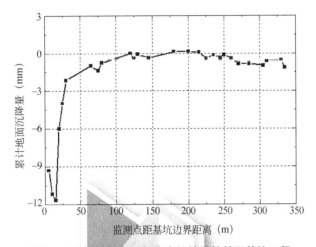

图6　止水帷幕完全阻断降水目的层的某深基坑工程
实测剖面累计地面沉降曲线图(2007年)

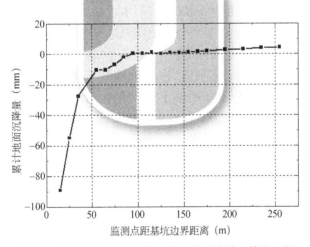

图7　止水帷幕非完全阻断降水目的层的某深基坑工程
实测剖面累计地面沉降曲线图(2008年)

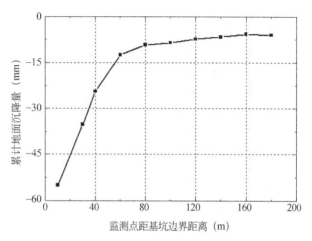

图8 采用坑外降水方式的某深基坑工程实测剖面
累计地面沉降曲线图(2008年)

线对监测设施建设限制等实际情况,本次修订为了避免歧义并与
基坑工程监测范围协调,将监测范围分区调整为地面沉降重点监
测区和地面沉降一般监测区。因此,在地面沉降重点监测区
(0～3H)要同时满足基坑施工监测和地面沉降监测要求。

在实际工程中,由于场地、经济等因素的限制,常常出现监测
范围小于3H的情况。地下水水位监测一般限于建设红线以内,
无法提供距基坑3H处的水位降深和地面沉降值,该情况下要求
红线内的监测指标不宜超过3H点的控制指标。

**4.2.2** 本条依据基坑工程的特点和地面沉降的发育规律,规定了
深基坑工程监测点(井)布设的原则。

**2** 上海地区基坑形状大多为矩形(近矩形)和不规则多边
形,其中以矩形和矩形的组合型最多(T型、L型等),此外还有像
地铁车站等条形基坑数量也较多。以矩形基坑为例,长宽比越大
的基坑,减压降水引发的基坑外水位降深和地面沉降在基坑的长
边和短边方向差异越大,不均匀沉降也越明显。工程案例表明,

狭长型深基坑减压降水过程中在长边引发的地面沉降量普遍大于短边(图9,基坑长约198 m,宽约25.6 m)。因此,地面沉降监测网应结合基坑形状进行合理布设。

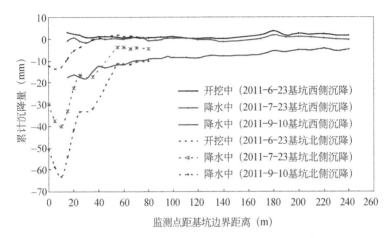

图9 某狭长型深基坑降水期间长(北)短(西)边方向
地面沉降剖面图(2011 年)

**3** 依据深基坑工程地面沉降发育规律,沿建设工程边界向外,地面沉降呈非线性衰减趋势,因此,在监测剖面线上的监测点间距宜由密至疏布设,可在有效监测的同时,减少监测工作量。本次修订的地面沉降重点监控区与上海基坑工程施工监测等技术规程的监测区域一致,因此,本标准不再对地面沉降常规监测区的监测布设技术方法做另行规定,可按现行规范执行。但在实施过程中,地面沉降常规监测区与地面沉降重点控制区监测点应统一布设,做到本标准与现行技术标准的衔接和互补。但对于重大工程或对地面沉降影响较大的基坑工程,其监测点间距宜取下限,也可根据实际情况适当加密。

**4** 深基坑工程降水引起坑外地下水水位下降是引起区域地面沉降的直接原因,因此,在降水前,应在基坑内、外布设与降水目的层同层次的地下水监测井,且监测井布设应能保证正确反映未阻断降水目的层的水位动态变化,为地面沉降监测与防治提供及时的地下水动态变化信息。监测井布设方法和技术要求应按现行上海市工程建设规范《基坑工程施工监测规程》DG/TJ 08—2001 的有关规定执行。

  **5** 地面沉降危险性级别为中等及以上的基坑工程,地质条件相对复杂,地面沉降风险大,针对第一软土层、第二软土层以及降水目的含水层等主要沉降层,宜布设分层标进行土体分层沉降监测。

**4.2.4** 深基坑工程地面沉降主要由减压降水后目的含水层水头下降引发,且具有滞后现象(图 10)。结合工程监测实践,综合确定监测频率。在减压降水开始前,主要以获取地面沉降背景值为主;降水期间监测地面沉降动态变化过程;降水结束后考虑工后沉降至稳定。

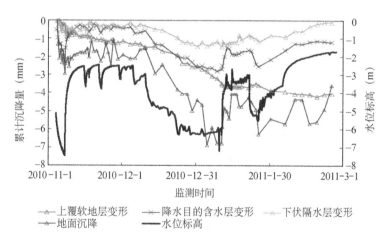

**图 10 某典型深基坑 3H 处地下水水位与土体分层累计沉降历时曲线图**

**4.2.5** 深基坑工程地面沉降各监测项目规定的监测误差精度主要考虑实施可行性和研究需要,依据工程案例经验和有关技术标准综合确定。

**4.2.6** 深基坑工程地面沉降监测预警值主要基于全市地面沉降控制要求和各分区地面沉降控制目标,是从保护地质环境安全和地面沉降控制角度提出的,与深基坑工程施工监测预警指标不是同一概念,在实践应用时不能混淆。具体分配原则如表 4 所示。

表 4　深基坑减压降水地面沉降控制分区原则

| 分区级别 | 一级 | | 二级 | | | | 三级 | | |
|---|---|---|---|---|---|---|---|---|---|
| 分区依据 | 降水目的含水层 | | 沉积特征与地层组合 | | | | 目的含水层层底埋深 $B^*$（⑨层采用层顶埋深 $D$） | | |
| | 区号 | 备注 | 区号 | 备注 | 亚区号 | 备注 | 含水层 | 区号 | 埋深（m） |
| 分区特征 | ⑤₂ | 微承压含水层 | I | 湖沼平原区 | — | 两层硬土层分布区 | ⑤₂ | 1 | $\leqslant 30$ |
| | | | II | 滨海平原区 | II₁ | ⑥层、⑧层均分布区 | | 2 | $30 < B < 60$ |
| | ⑦ | 第一承压含水层 | | 正常沉积区 | II₂ | ⑥层分布⑧层缺失区 | ⑦ | 1 | $30 < B \leqslant 60$ |
| | | | | | II₃ | ⑥层缺失⑧层分布区 | | 2 | $B > 60$ |
| | | | | 古河道区 | II₄ | ⑥层、⑧层均缺失区 | | 3 | 一、二承压含水层沟通 |
| | ⑨ | 第二承压含水层 | III | 河口沙岛区 | — | 无硬土层分布区 | ⑨ | 1 | $D \leqslant 60$ |
| | | | IV | 潮坪地貌区 | — | 新近成陆区 | | 2 | $D > 60$ |

注:1　不同降水目的含水层层底埋深分区标号一致,但代表的深度略有不同。
　　2　层顶、层底埋深指天然地表起算深度。
　　3　本分区以上海地区已有钻孔资料为基础编制,具体场地所属分区应根据实际钻孔揭露地质情况确定。

地面沉降监测的目的是为地面沉降防治提供数据支撑,因此,地面沉降监测预警值可依据上海市地面沉降控制分区要求、地面沉降发育程度、周围环境条件和施工工况等因素综合确定,也可由建设方会同地面沉降防治管理部门和设计单位组织专家论证,确定监测预警值。亦可参考本标准附录 D。

本标准附录 D 给出的微承压含水层、第一承压含水层和第二承压含水层降水地面沉降控制分区,基于地质结构特征、承压含水层分布特点,结合止水帷幕形式,编制了基坑降水地面沉降的全域三级双控分区图系,从城市尺度实现基坑降水地面沉降宏观控制。

本标准附录 D 提出将 $3H$ 控制点处水位降深和地面沉降量作为预警指标,基于深基坑减压降水地面沉降典型案例,坑内减压降水对坑外地面沉降影响范围可达 $10H$,其中地面沉降显著区主要出现在 $2H \sim 3H$ 范围内。由于 $3H$ 范围内地面沉降受土体开挖、减压降水、结构变形以及机械施工等影响,$3H$ 范围外地面沉降量与地下水水位降深呈显著正相关性,主要受基坑减压降水单因素影响;结合深基坑工程施工监测要求和地面沉降监控设施布设场地限制等实践经验,从地质环境保护角度,明确将 $3H$ 作为关键控制点。地面沉降属缓变型地质灾害,发育过程具有滞后性,且发生后难以治理和恢复。考虑到地下水水位变化灵敏性和监控便捷性,提出了深基坑减压降水地面沉降-水位降深双控模式,即通过对关键控制点处地下水水位控制和地面沉降监测,实现 $3H$ 范围外地面沉降控制目标。

在市域尺度深基坑减压降水水位降深与地面沉降规律研究基础上,基于综合防治分区和工程案例研究,对不同长宽比、不同面积、不同挖深、不同帷幕深度及不同水位降深条件下,创建了模拟全市域全尺度的 4 700 余个基坑减压降水地面沉降模型,利用数值模拟大数据,对距离基坑 $3H$ 处地面沉降量与止水帷幕插入目的含水层深度、基坑开挖深度、基坑面积、基坑长宽比等主要影响因素进行相关性分析。通过多元回归分析法进行拟合,建立了不同综合分区深基坑减压降水关键控制点的水位降深和地面沉降半经验预测公式。

（1）关键控制点水位降深值计算公式：

$$D_s = (a_1 \times M + b_1 \times H + c_1/D)^{f_1}(d_1 + e_1 \times P)^{g_1}$$

式中：

$D_s$——$3H$ 关键控制点降水目的含水层水位降深值（m）；

$D$——止水帷幕插入降水目的含水层深度（m）；

$H$——基坑开挖深度（m）；

$M$——基坑面积（$m^2$）；

$P$——基坑长宽比；

$a_1, b_1, c_1, d_1, e_1, f_1, g_1$——水位降深计算经验系数，见表5。

表5　一般类型深基坑 $3H$ 关键控制点水位降深计算经验系数

| 序号 | 分区号 | $a_1$ | $b_1$ | $c_1$ | $f_1$ | $d_1$ | $e_1$ | $g_1$ | 拟合优度系数 |
|---|---|---|---|---|---|---|---|---|---|
| 1 | ⑤$_{2Ⅱ-2}$ | 2.939e−5 | 0.075 | 1.720 | 2.609 | −0.027 | 0.511 | 0.101 | 0.956 |
| 2 | ⑦$_{Ⅱ1-1}$ | 2.307e−5 | 0.088 | 0.000 | 2.765 | 0.005 | 0.500 | 0.082 | 0.980 |
| 3 | ⑦$_{Ⅱ1-2}$ | 3.842e−5 | 0.065 | 2.252 | 2.990 | 0.036 | 0.477 | 0.107 | 0.880 |
| 4 | ⑦$_{Ⅱ2-3}$ | 2.922e−5 | 0.044 | 1.065 | 4.510 | 1.017 | −0.008 | −3.919 | 0.933 |
| 5 | ⑦$_{Ⅱ3-1}$ | 2.945e−5 | 0.072 | 1.911 | 2.973 | 0.299 | 0.350 | 0.145 | 0.942 |
| 6 | ⑦$_{Ⅱ3-2}$ | 1.932e−5 | 0.054 | 0.000 | 3.374 | 0.021 | 0.491 | 0.113 | 0.975 |
| 7 | ⑦$_{Ⅱ4-3}$ | 2.746e−5 | 0.041 | 0.957 | 4.665 | −0.217 | 0.610 | 0.057 | 0.937 |
| 8 | ⑦$_{Ⅳ2}$ | 2.689e−5 | 0.060 | 1.524 | 3.219 | −0.226 | 0.608 | 0.068 | 0.946 |
| 9 | ⑦$_{Ⅳ3}$ | 3.460e−5 | 0.041 | 1.230 | 3.916 | 1.014 | −0.006 | −4.395 | 0.928 |
| 10 | ⑨$_{Ⅱ1-2}$ | 4.791e−6 | 0.035 | 0.000 | 7.688 | 0.354 | 0.322 | 0.059 | 0.992 |
| 11 | ⑨$_{Ⅱ3-2}$ | 4.114e−6 | 0.033 | 0.000 | 9.860 | 0.974 | 0.013 | 1.716 | 0.993 |

注：1　基坑挖深从天然地面算起，地连墙插入深度从目标含水层顶板算起。
　　2　水位降深值指垂直基坑边线距基坑边界 $3H$ 处降水目标含水层水位降深值。

（2）关键控制点地面沉降量计算公式：

$$C_s = (a_2 \times M^{1/2} + b_2 \times H + c_2/D^{1/3})^{f_2}(d_2 + e_2 \times P)^{g_2}$$

式中：

$C_s$——$3H$ 关键控制点地面沉降量(mm)；

$D$——止水帷幕插入降水目的含水层深度(m)；

$H$——基坑开挖深度(m)；

$M$——基坑面积($m^2$)；

$P$——基坑长宽比；

$a_2$,$b_2$,$c_2$,$d_2$,$e_2$,$f_2$,$g_2$——地面沉降计算经验系数,见表6。

**表6 一般类型深基坑 $3H$ 关键控制点水位降深计算经验系数**

| 序号 | 分区号 | $a_2$ | $b_2$ | $c_2$ | $f_2$ | $d_2$ | $e_2$ | $g_2$ | 拟合优度系数 |
|---|---|---|---|---|---|---|---|---|---|
| 1 | ⑤$_{2\,II-2}$ | 0.004 | 0.070 | 1.273 | 2.894 | −0.027 | 0.511 | 0.101 | 0.968 |
| 2 | ⑦$_{II\,1-1}$ | 0.003 | 0.071 | 0.000 | 2.974 | 0.005 | 0.500 | 0.082 | 0.983 |
| 3 | ⑦$_{II\,1-2}$ | 0.004 | 0.044 | 1.094 | 3.986 | 0.036 | 0.477 | 0.107 | 0.922 |
| 4 | ⑦$_{II\,2-3}$ | 0.004 | 0.037 | 0.587 | 5.708 | 1.017 | −0.008 | −3.919 | 0.959 |
| 5 | ⑦$_{II\,3-1}$ | 0.003 | 0.043 | 0.867 | 3.896 | 0.299 | 0.350 | 0.145 | 0.951 |
| 6 | ⑦$_{II\,3-2}$ | 0.003 | 0.054 | 0.000 | 3.683 | 0.021 | 0.491 | 0.113 | 0.991 |
| 7 | ⑦$_{II\,4-3}$ | 0.004 | 0.039 | 0.594 | 5.745 | −0.217 | 0.610 | 0.057 | 0.955 |
| 8 | ⑦$_{IV\,2}$ | 0.003 | 0.047 | 0.882 | 3.990 | −0.226 | 0.608 | 0.068 | 0.958 |
| 9 | ⑦$_{IV\,3}$ | 0.004 | 0.036 | 0.714 | 5.111 | 1.014 | −0.006 | −4.395 | 0.967 |
| 10 | ⑨$_{II\,1-2}$ | 0.001 | 0.034 | 0.000 | 7.904 | 0.354 | 0.322 | 0.059 | 0.997 |
| 11 | ⑨$_{II\,3-2}$ | 0.001 | 0.034 | 0.000 | 10.060 | 0.974 | 0.013 | 1.716 | 0.997 |

注：1 基坑挖深从天然地面算起,地连墙插入深度从目标含水层顶板算起；

2 水位降深值指垂直基坑边线距基坑边界 $3H$ 处降水目标含水层水位降深值。

结合上海市地面沉降控制目标和基坑周边环境保护要求,以上海市全域为研究尺度,基于提出的半经验公式,利用拟合分析取得的经验系数,量化确定了本标准附录 D 中 $3H$ 关键控制点处水位降深和地面沉降量预警指标,可作为工程性地面沉降防治精细化管控参考。

## 4.3 隧道工程施工地面沉降监测

**4.3.1** 上海软土地区隧道工程施工,例如旁通道、地下泵房、地下隧道进出洞工程、某些垂直竖井开挖、某些地下工程修复等,冻结法是常用的工法之一,采用冻结法施工时及施工后,冻融部位的软土产生冻胀融沉进而引发周围土体变形沉降。本次修订增加了冻结法施工地面沉降监测技术要求。

隧道工程因盾构施工扰动,引发的地面沉降槽近似呈正态曲线形态,一般地面沉降的横向影响范围约为距隧道轴线两侧各 $H+C$($H$ 为隧道覆土层厚度,$C$ 为盾构外径)。而后期的固结沉降进一步加大地面沉降量(图 11~图 13 中监测数据表明后期固结沉降超过 35%),沉降槽的范围也相应扩大[图 12,横向沉降槽 217 d 后达 1.48~1.88($H+C$)],横向沉降槽扩大的程度同地质条件、施工参数和隧道埋深等关系密切,考虑到其他偶然因素,地面沉降的监测范围宜在隧道两侧各为 2 倍的隧道底板埋深,且双圆盾构隧道监测范围宜适当扩大。监测范围可根据具体工程实际作适当调整,宜覆盖地面沉降的整个影响范围。

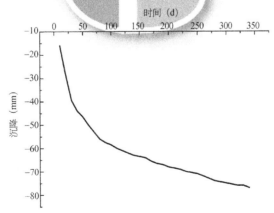

**图 11　地铁 1 号线某测点地面沉降随时间变化(2002,璩继立)**

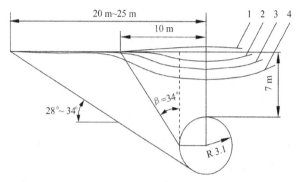

| 曲线 | 离开挖面距离 | 最大沉降(mm) | 备注 |
|---|---|---|---|
| 1 | 前方　0.6 m | +14 | — |
| 2 | 通过后 8 m | -25 | — |
| 3 | 通过后 62 m | -47 | 施工阶段 |
| 4 | 通过后 217 d | -75 | 固结阶段 |

图 12　实测盾构推进引起的横向沉降槽随时间的发展(1991,刘建航)

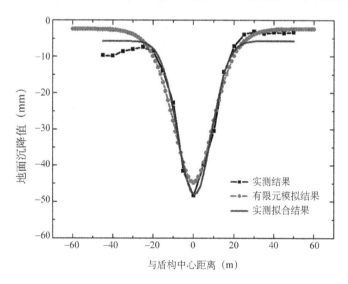

图 13　盾构隧道推进过程中实测剖面累计地面沉降曲线图(2008 年)

盾构法隧道工程监测断面宽度:①单圆盾构一般为 2 倍覆土层厚度,②双圆盾构隧道一般为 3 倍覆土层厚度范围。冻结法施工地面沉降监测范围是旁通道、泵房或隧道进出洞、某些垂直竖井开挖、某些地下工程修复冻结法施工区在地表上的垂直投影向外延伸 1.5 倍中心埋深所围成的区域;且隧道管片变形监测范围不应小于旁通道两侧隧道管片各 50 m,即横向 $1.5H$,$H$ 为开挖或埋设中心埋深,纵向 $\pm50$ m。

工程实践表明,隧道工程施工引发的地面沉降影响范围和影响程度均较大。按照《上海市地面沉降防治管理条例》和上海市地面沉降控制要求,其监测范围应是引发地面沉降的全部影响区域,因此,建设工程引发的地面沉降监测范围应适当扩大,以适应上海市地面沉降控制要求,加强地面沉降防治工作。

与深基坑工程地面沉降监测范围分区类似,本次将隧道工程施工地面沉降监测范围分区调整为重点监测区和一般监测区,其中重点监测区与国家标准《城市轨道交通工程监测技术规范》GB/T 50911—2013 中的"3.2.3 土质隧道工程影响分区"既有重叠,亦有差异,因为国家标准中考虑的是隧道工程施工过程安全,本标准主要考虑地面沉降控制及地质环境保护,二者互为补充,相辅相成。

**4.3.5**

**1** 地面沉降监测点、分层标宜布设在地质条件复杂、地层变化较大和土体可能遭受较大扰动的区域。

**2** 因隧道工程路线一般较长,地面沉降监测剖面不宜过密布设,应以可控制地面沉降影响范围为原则布设,剖面线间距一般取为 1 km~2 km。但地铁隧道相邻车站区间长度一般小于 1 km,每个相邻车站区间段的监测剖面不应少于 1 条。依据隧道工程地面沉降发育规律,沿建设工程边界向外,地面沉降呈非线性衰减趋势。所以,在监测剖面线上的监测点间距宜由密至疏布设。

**4.3.6** 结合隧道工程施工经验,以监控地面沉降发育全过程为原则,综合确定了隧道工程施工地面沉降监测频率。

**4.3.8** 上海地区特定建设工程因施工引发水土突涌、流砂等工程事故时有发生,由此而引发的地面沉降影响程度大且危险性高,因此,在地面沉降监测过程中,发生此类事故时,应加强监测工作,适当扩大监测范围,以能控制地面沉降影响范围为宜。

## 4.4 重大市政工程沿线地面沉降监测

**4.4.1** 重大市政工程主要指竣工后投入运营的轨道交通、越江隧道等线状基础设施。根据《上海市地面沉降防治管理条例》要求,需要开展重大市政工程沿线地面沉降监测,及时研判地面沉降发育动态及趋势,为重大市政工程安全运营提供基础保障。

**4.4.2** 根据当前全市地面沉降现状和重大市政工程安全运营需求,参考有关技术标准,结合地面沉降监测实践经验,综合确定了本标准表 4.4.2 提出的重大市政工程沿线地面沉降监测频率。

根据上海市工程建设规范《城市轨道交通结构监护测量规范》DG/TJ 08—2170—2015 的规定,轨道交通结构出现下列情形后宜列为长期监测的重点区段,进行加密监测:①长期沉降、长期收敛测量成果表明变形速率较大或出现明显差异沉降以及出现较大收敛变形的区段;②隧道、道床等结构出现异常,隧道出现大面积渗漏、管片损伤、结构变形等病害区段;③正在进行病害治理及进行过病害治理的区段;④下穿较宽水域的区段、近距离穿越区段以及施工或运营期间采取过特殊处理措施的区段等其他高风险区段。

# 5 地面沉降防治

## 5.1 区域地面沉降防治

**5.1.1** 地面沉降防治专项规划和年度工作计划主要提出地面沉降控制目标、地下水开采量和回灌量指标、防控关键技术、技术标准及管理制度等综合措施,着眼于顶层设计和过程控制,是地面沉降防治的主动行为,为地面沉降防治管理工作提供科学依据。

**5.1.4** 地下水回灌作为地面沉降防治的重要措施之一,在区域地面沉降控制过程中发挥了重要作用。鉴于地面沉降防治过程中,深部和浅部地下水回灌条件差异较大,结合工程实践中的新认识,本次修订将针对深部的专门地下水回灌和针对浅部的深基坑工程地下水回灌技术要求进行分类规定。专门地下水回灌技术在原规程基础上进行了适当优化,具体技术要求参照本标准附录 E。

本标准附录 E.1.1 要求回灌井布设应优先考虑地面沉降发育重点地区;回灌井布设地区同时满足水文地质条件、回灌水源水量与水质要求等条件。

对于同层次开采地区,回灌井宜布设在地下水流向的上游、开采井影响半径范围以内;一般与同层次开采井之间的距离宜保持在 100 m～200 m。

对于同层次开采井群,回灌井应布设于开采井群的最大影响区,并与开采井交叉布设,以有效控制地下水水位的下降。

为避免在建工程(如在建中的地面沉降监测设施、地下水开采井、地面或地下大型工程等)对回灌工作的影响,地下水回灌井建设场地应布设于在建工程施工影响范围之外,二者间距一般取为 100 m～200 m。

采用机械钻孔时,应避免对地下各类管线(自来水、煤气管道、光缆及电缆)等埋设物造成危害,距管线最近的地下水回灌井安全间距一般取为 5 m～10 m。

本标准附录 E.1.3 提出地下水回灌井施工及正常运行时,其供配电、室内照明、线缆敷设、接地保护等用电负荷等级为三级负荷,故场区附近应具备 220 V/380 V 电源与电缆进线条件;同时,为确保应急供电状况发生时正常工作,每个回灌井所在泵房内宜配备一台移动式柴油发电机作为应急备用电源。

本标准附录 E.3.1 中因连通器两端液位的高差产生的压强差而引起液体自行流动的现象称为虹吸现象。真空回灌就是利用虹吸现象进行的。

当在泵管内水面至电动控制阀门密封的管路区间开泵扬水时,泵管和输水管路内充满地下水。停泵,并立即关闭电动控制阀门和电动扬水阀门后,由于重力作用,泵管内水体迅速向下跌落,于是在泵管内水面至电动控制阀门密封的管路区间内形成真空。在大气压力作用下,泵管内水位若与泵管外井管内水位保持压力平衡(一个大气压力,相当于 10 m 水柱高度),则泵管内水柱只能下跌至静水位以上 10 m 高度,此时压力真空表上将显示 760 mm 汞柱的真空度。

在真空状态下,打开进水阀门和缓开电动控制阀门后,因虹吸作用,回灌水就能迅速进入泵管内,破坏原有的压力平衡,产生新的水头差,在井周围形成一定的水力坡降,回灌水就能克服阻力不断向含水层中渗透。

## 5.2 深基坑工程地面沉降防治

**5.2.2** 根据理论分析及监测案例(图 14),降水目的层水位大幅下降是引发深基坑工程地面沉降持续发育的关键因素,地下水水位抬升可以减缓地面沉降发育,但地面高程损失难以恢复,因此,要控制深基坑工程降水引发的地面沉降,关键得及时有效地控制坑外降压目的层水位下降,防止基坑周围区域降水目的层水位降深过大。

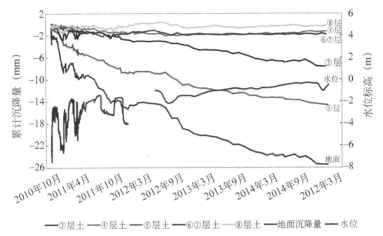

**图 14 某典型基坑工程地下水水位-地面沉降及分层沉降长期监测历时曲线图**

基于地面沉降发生后难以治理恢复的实践认识,深基坑减压降水地面沉降防治应重在预防及过程控制。按照建设工程事前、事中和事后全流程管控思路,提出了深基坑减压降水地面沉降防治技术路径(图15),在设计阶段采用围护结构与工程降水一体化设计方法,在施工过程中采取降水过程控制和地下水回灌等综合措施。

**5.2.3** 针对悬挂式深基坑减压降水地面沉降规律及影响因素,聚焦目前基坑围护设计与减压降水地面沉降防治不匹配的问题,提出可采用基于地面沉降控制的围护结构与工程降水一体化设计方法,即按照基坑降水需求和地面沉降控制要求,在基坑围护初

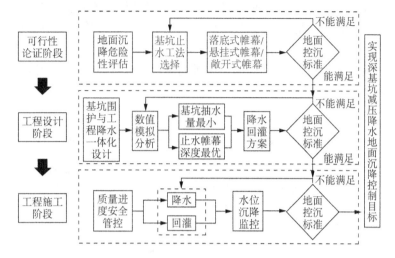

图 15    深基坑减压降水地面沉降防治技术路径

步设计基础上,优先进行基坑降水与人工回灌一体化设计,以控制坑内降水对坑外地质环境影响;当不能满足沉降控制目标时,再以止水帷幕插入最优和基坑抽水量最小为原则,进行止水帷幕深度优化设计,提出基坑围护优化设计建议,最终形成满足地面沉降控制的基坑降水设计方案,做到"抽灌均衡""按需降水"之目的。

5.2.4    借助自动化数据采集、传输等信息技术,综合水位、变形等地质环境监测要素,实施地质环境多参数的集成化采集,实现数据实时传输和预警管控,并制定应急抢险预案。此外,还可通过优化基坑施工程序,缩短施工工期,以减少坑内降水时间;通过对大面积基坑的分段分块开挖,实现分区降水,以降低坑内降水强度。

5.2.5    深基坑工程地下水回灌是地面沉降防治的重要措施之一,应在全面查明场地地质条件的基础上,严格实施回灌井的施工工艺;可通过回灌井结构优化、加压回灌等综合措施,提升人工回灌效率,确保深基坑工程地面沉降防治的成效。本标准附录 F 提供了深基坑工程地下水回灌技术要求。

本标准附录 F.0.1　上海市工程建设规范《基坑工程技术标准》DG/TJ 08—61—2018 规定回灌井距离降水井距离不宜小于 6 m。但由于降水与回灌受地层、基坑工程等因素影响较为复杂,而且在基坑减压降水、人工回灌和止水帷幕等多因素影响下,地下水将呈现复杂的三维流状态,因此,回灌井与基坑间距离宜通过现场试验和数值模拟等方法进行确定,通常情况下,可将回灌井设置在距基坑 $0.5H \sim 2H$ 范围内。

回灌井布设间距主要受回灌影响半径和减压降水强度影响,井间距过大会使得部分区域水位降深达不到控制要求,井间距过小会导致水位抬升过多对减压降水产生影响,而且从经济上考虑也不可取。回灌井间距可以通过现场试验、数值模拟、工程经验以及多方法联合等途径确定。

回灌井的布设需要考虑回灌对已有降水设计降水能力的影响。回灌对于降水影响控制主要通过调整回灌井与基坑距离来控制,将回灌井布设的过远可能无法实现对目标区域的控制,而且会增加回灌井的数量;如果回灌井过于靠近基坑,则会对降水产生较大影响,甚至使得基坑内水位无法达到设计降深。因此,回灌设计应与降水设计协同,以减小对坑内降水的影响;同时,回灌布设应避开各类管线或保护建筑一定距离,以减小对周边环境的影响。

本标准附录 F.0.2　根据上海市工程建设规范《基坑工程技术标准》DG/TJ 08—61—2018 的规定以及工程经验,回灌井设计井深一般同降水井井深,且不宜超过止水帷幕深度;回灌井孔径大多为 650 mm 或 800 mm,井径 273 mm;滤水管段常采用扩大孔径(俗称"大肚皮")、双层过滤器以增加过水断面。

本标准附录 F.0.3　回填止水是目前回灌井结构设计中较为突出的问题,相关规范中均采用了常规的黏土球和黏土作为回填止水材料,而实践证明在深基坑工程地下水人工回灌中,该种回填止水工艺止水效果不理想。目前,实际工程中常见设计是下部采用黏土球止水,中段回填黏土,地面往下 5 m～10 m 采用混凝土浇筑或注浆。

本标准附录 F.0.4 目前,在深基坑工程中,依据回灌压力的不同可以分为自然回灌、真空回灌和压力回灌,根据工程经验压力回灌在浅部承压含水层中回灌效率最高,尤其当含水层渗透性较差,水位较高时自然回灌和真空回灌很难将水回灌入地层中,只有压力回灌才能实现较高的水头差,提高回灌量。但压力回灌对回灌井设计、材料、设备以及施工工艺等要求较高,而且压力过高会导致回灌水反渗出地面。适宜的回灌压力数值与回灌井施工质量、回灌目的层水文地质条件等因素有关,工程中目前大多通过回灌试验进行确定,但一般不宜大于 0.2 MPa,且不宜超过回填滤料顶面以上的覆土压力。

目前,基坑工程中地下水人工回灌水源有自来水和原水,其中又以自来水回灌为主,这主要是由于自来水水质有保障,不会对地下水造成污染,且不易对回灌井滤水管造成堵塞,而且自来水回灌所需设备较少,易于实现。

原水回灌是指采用降压井抽出的地下水作为回灌水源,可节约水资源,保护地质环境。但由于浅部承压含水层地下水中铁、锰含量通常较高,当地下水被抽出后铁、锰氧化形成的沉淀以及絮状物容易引起回灌井滤网堵塞。因此,原水回灌通常需要对原水进行除铁、锰处理。目前,常用的除铁、锰技术外还有两种,一种是将地下水通过曝气池进行曝气,使地下水中的铁、锰氧化,然后经过沉淀池沉淀去除铁、锰。该方法根据曝气池和沉淀池的大小,可处理的水量可大可小,但需占用较多的施工场地。另一种是将地下水通过除铁、锰过滤器,目前该设备在上海自来水管网未到达的地区常用来过滤地下水作为生活饮用水使用。除铁、锰过滤器的水处理能力依据设备不同差异较大,水处理能力较大时设备费用较高。使用何种除铁、锰技术可以依据所需的水处理能力、场地情况和经济性等方面进行衡量。另外,由于基坑工程中的回灌一般持续时间只有几个月,甚至更短,因此当基坑所在区域地下水水质较好,铁、锰离子含量较低时,也可不进行处理,而采用密封管路避免地下水与空气接触,直接进行回灌。在2013年某深基坑工程地下水回灌试验中即采用了密封管路后直接回灌的做法,在回灌试验期间配合回扬操作,未发生回灌井滤网堵塞现象。

## 5.3　隧道工程施工地面沉降防治

**5.3.1**　上海地区特殊的巨厚第四系松散层是地面沉降发育的地质背景。因此,结合隧道工程施工地面沉降规律,应从施工设计方面考虑地面沉降影响,施工过程中强化施工控制,加强监测工作,以便全面掌握地面沉降趋势,及时采取防治工程措施。

## 5.4　重大市政工程沿线地面沉降防治

**5.4.1**　当前区域地面沉降速率维持微量状态,竣工后投入运营的重大市政工程受区域地面沉降影响较小,主要受沿线堆土、工程施工以及隧道漏水、漏砂等突发情况和局部区域不均匀地面沉降影响。为此,需要加强巡查和监测,及时发现地面沉降异常情况,并对引发地面沉降的风险源进行排查和处置。

# 6 成果文件编制

## 6.1 一般规定

**6.1.3** 成果文件汇交是行政管理的要求,本次修订删除了原规程中"6.4 资料归档要求",但文件编制应符合《上海市地质资料管理办法》汇交要求。

## 6.3 成果报告编制

**6.3.3** 根据《上海市地面沉降防治管理条例》第二十七条要求,深基坑工程施工结束后,建设单位应当将地面沉降影响监测资料汇交至上海市规划国土资源行政管理部门。结合《上海市建设工程基坑降水管理规定》及《上海市地质资料管理办法》等行政规定,以全面掌握基坑施工期间地下水及地面沉降动态资料为原则,为不断完善基坑降水地面沉降防治管理机制提供基础数据角度,本次修订增加了深基坑及隧道工程施工地面沉降监测和防治工程成果编制技术要求。

**6.3.4** 根据《上海市地面沉降防治管理条例》第二十八条要求及《关于建立重大市政工程设施沿线地面沉降监测与安全预警机制的通知》(沪规土资矿〔2014〕589 号),从信息共享和沉降预警需求出发,本次修订增加了重大市政工程地面沉降监测工作成果编制技术要求。

## 6.4 数据库及信息管理系统建设

**6.4.1** 从数据的高质量管理及高效利用角度考虑,结合实践经验,本次增加了数据库建设的技术规定,以规范数据库建设。

**6.4.2** 工程性地面沉降数据库建设还应考虑资料汇交管理的要求。目前,按照"深化'放管服'改革和优化营商环境的总体要求",结合建设项目行政监管管理流程,从简化项目审批环节考虑,正在探索建立在线提交、在线审核及在线办理的线上汇交流程。

**6.4.3** 地面沉降信息管理系统的技术架构、数据传输等除了满足业务需求,具备良好的用户体验,还须满足相关网络信息安全等级保护要求。